宁静的力量

[美] 瑞安·霍利迪 / 著
靳婷婷 / 译

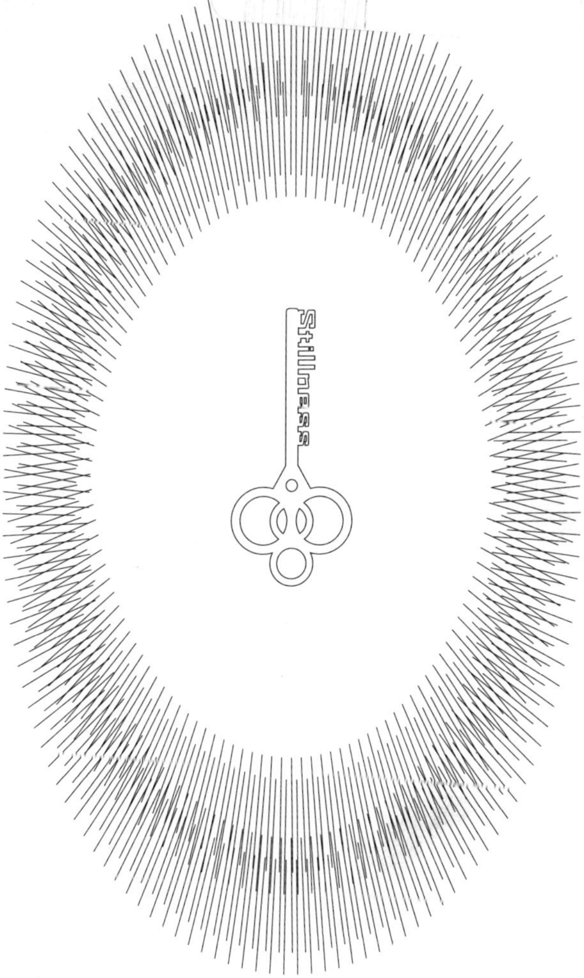

Stillness Is the Key # Ryan Holiday

中信出版集团 | 北京

图书在版编目（CIP）数据

宁静的力量 /（美）瑞安 · 霍利迪著；靳婷婷译
. -- 北京：中信出版社，2021.8
书名原文：Stillness Is the Key
ISBN 978-7-5217-3257-3

Ⅰ. ①宁… Ⅱ. ①瑞… ②靳… Ⅲ. ①情绪—自我控制—通俗读物 Ⅳ. ① B842.6-49

中国版本图书馆 CIP 数据核字（2021）第 123508 号

宁静的力量
著者：　［美］瑞安 · 霍利迪
译者：　靳婷婷
策划推广：中信出版社（China CITIC Press）
出版发行：中信出版集团股份有限公司
（北京市朝阳区惠新东街甲 4 号富盛大厦 2 座　邮编　100029）
（CITIC Publishing Group）
承印者：三河市科茂嘉荣印务有限公司

开本：880mm × 1230mm　1/32　印张：7.75　字数：210 千字
版次：2021 年 8 月第 1 版　印次：2021 年 8 月第 1 次印刷
京权图字：01–2020–4327　书号：ISBN 978–7–5217–3257–3
定价：59.00 元

服务热线：010–84849555
投稿邮箱：author@citicpub.com

想要获得掌控感、自由、愉悦、宁静，这是一段艰难的征途，也是一项神圣的任务。

——爱比克泰德[1]

① **爱比克泰德**（约 55—约 135）：古罗马最著名的斯多葛学派哲学家之一，是继苏格拉底后对西方伦理道德学说的发展做出最大贡献的哲学家，希腊哲学思想之集大成者。——译者注

目录

序

拥有由内而外的宁静

时光回溯到公元1世纪末期，罗马最具影响力的政治活动家、当时最伟大的剧作家、最睿智的哲学家鲁齐乌斯·安奈乌斯·塞涅卡，在工作上遇到了问题。

那是从楼下街道灌入屋里的震耳欲聋、让人心烦意乱的噪声。

一直以来，罗马都是一个非常吵闹的城市——你可以想象一下纽约的建筑噪声，塞涅卡所在的街区，更是各种噪声的汇集处。在他所住的套房楼下，一群运动员正在体育馆里健身，将哑铃重重砸在地上，一位按摩师在一个肥硕老汉的背上连续拍打，游泳者搅得水声四起。在住所的入口处，一个被逮个正着的扒手正在大吵大闹。马车在石子路上隆隆驶过，与此同时，木匠在他们的店里叮叮当当地敲打，而小贩则在高声叫卖着他们的货物。孩子们嬉戏大笑，狗儿也在汪汪吠叫。

塞涅卡的问题不止窗外的嘈杂，他的生活也在土崩瓦解。危机一个接一个地袭来：国外的动乱让他的经济状况岌岌可危；他年事渐高，感到力不从心；他已被敌人逐下了政坛，又与尼禄皇帝意见不合，只要皇帝一声令下，他随时随地都可能掉脑袋。

参照我们自己的忙碌生活就不难看出，对于一个人来说，这样的环境是不适合完成任何任务的，无论是对思考、创造、写作，还是做出明智决定，都无甚助益。就像塞涅卡对一位朋友所说的：只是这个国家的噪声和干扰，就已经足以“让我对我的听力恨之入骨了”。

但事实却证明，这个场景让千百年来的众多倾慕者为之着迷。一个身陷逆境和苦难之中的男人，不但没有被逼到发狂，反而寻得了内心的宁静，能够清晰地思考问题，还写出了很多针砭时弊、文笔优美的文章，其中有些就是在那间嘈杂的屋里写就的。这些文章不仅触动了成千上万人的内心，也揭示了少有人能触及的真理。他是如何做到的呢？

塞涅卡对一位朋友解释了他对噪声的看法：“我已经锻炼了自己的神经，可以不受任何这类干扰的影响。我强迫意念集中起来，以免它偏离到外部的事物上去；纵使外面如疯人院一般嘈杂，只需内心静如止水。”

啊，这不正是我们每个人都渴求的状态吗？这是多么强大的自制力，多么强大的专注力啊！能够随时随地无视一切烦恼，屏蔽周围环境的干扰，调动自己的所有能力，这是多么美好的一件事呀！如果能做到这一点，我们将取得何等的成就，又能比以前快乐多少啊！

对于塞涅卡和其他斯多葛学派的信徒而言，如果一个人能够在内心拥有宁静平和的状态——也就是达到斯多葛学派所说的“淡然”（apatheia），那么即使世界一片狂乱，他也仍能保持思维清晰，工作高效，身体健康。塞涅卡写道：“当没有噪声能够打扰你，没有语言能够让你脱离自我——无论这语言是阿谀逢迎还是威逼利诱，抑或只是毫无意义的空洞杂音——这时，你便可以确定自己达到了内心的宁静。”在这种状态下，没有任何事能够动摇他（甚至连狂暴的君主也无能为力），没有任何情感能够干扰他，没有任何危机可以阻碍他，当下的每一个时刻，都可以用来尽情过活。无论学派多么不同或地域多么遥远，几乎所有古代的哲学家全都得出了类似的结论，这一令人惊叹的事实，也让这个本就伟大的理念变得更加神奇了。

无论你是公元前 6 世纪跪在孔子脚下的弟子，还是 100 年后古希腊哲学家德谟克利特的学生，抑或又经历了一代人之后坐在伊壁鸠鲁花园中的信徒，你都会听到人们对于这种波澜不惊、宁静平和的状态发出的同样迫切的召唤。

佛教用“舍”来形容这种状态，穆斯林用“aslama”来形容，而希伯来人则说“hishtavut”。以战士阿朱那为主角的印度史诗《薄伽梵歌》的第二章中，提到了“samatvam”，即一种“心境的平衡——一种恒常不变的平静”。希腊人的用词是“euthymia”和“hesychia”，伊壁鸠鲁学派则说“ataraxia”，而基督教徒会说“aequanimitas”。

在英语中，这种状态被叫作“stillness”。

在周遭世界天旋地转时岿然不动，不慌不忙地从容行动，聆听需要听到的信息，随时随地拥有由内而外的宁静。

去探究老子的“道”、古希腊的“逻各斯”[①]、基督教的“圣言”、《圣经》中的“道路”的含义吧。

佛教、斯多葛学派、伊壁鸠鲁学派、基督教、印度教……几乎没有哪个哲学学派或宗教，不将这份内心的平和（或称“至静力”）奉为无可比拟的至善，也是杰出工作和幸福生活的关键。对于几乎所有古代社会的智慧结晶都一致同意的真理，只有愚人才会选择闭目塞听。

① 逻各斯是欧洲古代和中世纪常用的哲学概念，一般指世界的可理解的规律，因而也有“语言”或“理性”的意思。赫拉克利特最早将这个概念引入哲学。——译者注

引言

至静力是万物之钥

对至静力的召唤，应该是悄无声息的，而现代社会却不是这样。

除了与塞涅卡同时代的民众司空见惯的喧闹诱惑和明争暗斗之外，现在的我们还要面对汽车喇叭、立体音响、手机闹铃、社交媒体通知以及电锯和飞机的轰鸣。

生活和工作中的问题也让我们喘不过气来——竞争者强势挤进我们所在的行业中，办公桌上摞满文件，邮箱里也塞满了邮件。我们时时刻刻都能被找到。这也就意味着，争论和信息的迭代永远离我们不远。我们拥有各种各样的屏幕，在每一块屏幕上，关于各种危机的新闻一个接一个地对我们进行轰炸。工作的压力让我们身心俱疲，苦差事仿佛永远也干不到头。我们吃得过饱，却营养不足。我们受到的刺激过多，日程安排得太满，却难言内心的孤寂。

谁有停下来的力量？谁有思考的时间？如今，还有谁能不受这个时代的喧嚣和失衡的影响呢？

我们面对的问题的广泛和迫切程度虽然是现代社会特有的，其源头却根植于一个永恒的问题。没错，历史已向我们揭示，在内心培养宁静、平息躁动，让思绪慢下来，理解自己的情绪并控制自己的身体——长久以来，这些任务一直是无比艰巨的。布莱士·帕斯卡[①]曾在 1654 年说过：“人类的所有问题，都源于他们不能独自在房间里静坐。”

在进化过程中，不同的物种——如鸟类和蝙蝠——往往会为生存而进化出相似的特征来，中间隔着浩瀚海洋和遥远距离的哲学学派亦然。它们开辟出不同的路径，却都指向同一个目的地：成为自己生活的主人所必需的宁静。无论环境有多嘈杂或纷乱，都能生存、适应、蓬勃发展。正因如此，这个关于宁静的理念，并不是什么隔靴搔痒的新时代运动[②]谬论，也不只属于僧人和圣贤的特殊领域。无论我们是在管理一只对冲基金，在超级碗比赛中打橄榄球，还是在前沿领域从事科研工作，或是担起养家糊口的重任，这个理念对于我们所有人而言都是不可或缺的。无论你是哪种人，这都是一条通往智慧与卓越、伟大与欢愉、成功与当下之心的触手可及的道路。

至静力是让弓箭手将箭瞄准靶心的定力。它不仅能启发新的想法，还能让我们的眼光更加敏锐，促使我们发现各种联系。它能让飞旋的球放慢步调，好让我们一击即中。它还能激发愿景，帮助我们抵制乌合之众的风潮，为感恩和好奇腾出空间。至静力给予我们坚持不懈和争取成功的力量，它是一把钥匙，能解锁天才的洞见，引领普通人去理解他们的思想。

---

① **布莱士·帕斯卡**（1623—1662）：法国数学家、物理学家、哲学家、散文家。后人为纪念帕斯卡，用他的名字作为压强的单位，简称“帕”。——译者注

② **新时代运动：** 20 世纪 70 年代一种以唤醒人们觉醒意识为主的新兴思想潮流。——译者注

本书的承诺，就是为你指出这把钥匙的所在。本书不仅能帮助你拥有至静力，也希望你像太阳一样，将至静之光释放到这个从未像现在一样需要光明滋养的世界中。

万物之钥

在美国内战初期，关于如何取胜以及指派何人来具体执行的竞争方案，共有大约 100 份之多。对于每场战斗，每位将领都会没完没了地提出批评或指点，并表现出煽风点火般的激愤——其中不乏妄想多疑、恐惧猜忌、狂妄自大，而希望却少得可怜。

在这人心惶惶的时候，亚伯拉罕·林肯曾在白宫办公室召集一群将领和政客开了一次会，上演了精彩的一幕。当时，几乎所有人都觉得，只有在美国最大的城市里打响规模巨大的残酷血战，才有可能取得内战的胜利，其中包括里士满和新奥尔良，甚至连华盛顿特区也有可能被卷入战争。

这位靠从美国国会图书馆借书钻研而自学成才的军事战略家，将一份地图在一张大桌子上铺开，指向密西西比的维克斯堡——一座位于美国南部深处的小城市。维克斯堡是一个高踞密西西比河河岸峭壁之上的军事要塞，被最顽固的叛军把守。这个城市不仅是密西西比河的航运要道，也是多条重要支流的交汇点，同时还是向南部区域运送同盟军和大量奴隶的铁路交通枢纽。

“维克斯堡就是破局的‘钥匙’。”林肯用坚定的语气告诉众人。只有一个已经对相关情况进行过深入研究的人，才能将主旨融汇于寥寥数语之中：“若不将这把钥匙揣进我们的口袋，这场战争就永远没有结束的一天。”

事实证明，林肯的判断是正确的。虽然这场战役耗时数年，需要统帅异于常人的沉着冷静和军队艰苦卓绝的投入，但是，林肯当日在白宫制定的战略，终于将奴隶制在美国斩草除根。从葛底斯堡战役、谢尔曼大行军战役到李将军[①]的投降，美国内战中每一次重要的胜利，都要归功于格兰特将军[②]1863年在林肯指挥下包围了维克斯堡，攻下了这座将美国南部一分为二的城市，并扼住了这条重要的水路。林肯摒除了压力和干扰，用他沉静而直观的思维模式，看到了自己的顾问甚至敌人都忽视了的重点（并坚持了自己的判断）。这是因为他拨开了之前所有竞争方案所遗留的积怨和蒙昧，用手中的钥匙开启了胜利的大门。

在生活中，我们也会面临许多难题，会被彼此冲突的重点和理念往无数个不同的方向拉扯。在通往生活和工作中我们渴望的所有成就的道路上，横亘着各种障碍和敌人。马丁·路德·金曾说过，每个人心中，都进行着一场激烈的内战—— 一方是善性，一方是恶性；一方是我们的抱负，一方是我们的原则；一方是我们能够成为的样子，另一方则是到底该如何实现自己的潜能。

在这场战役中，在我们面临的所有冲突中，至静力就是决定诸多因素的运河、要道和铁路枢纽。在以下事项上，至静力便是那把关键的钥匙：

---

① **李**：指美国内战时期南方联盟国军队总司令罗伯特·爱德华·李。——译者注

② **尤利西斯·辛普森·格兰特**（1822—1885）：美国军事家、政治家，第18任美国总统。——译者注

- 清晰思考
- 眼观全局
- 做出艰难的决定
- 管理自己的情绪
- 辨识真正的目标
- 应对高压环境
- 维持人际关系
- 养成良好习惯
- 提高效率
- 培养杰出体能
- 得到满足感
- 沉浸于欢笑和愉悦的时刻

我们可以说，至静力几乎就是万物之钥。

拥有至静力，你可以成为更好的父母、艺术家、投资者、运动员、科学家，你可以成为一个更好的人。拥有至静力，你可以将此生的所有潜力悉数释放。

至静力，你可以拥有

每一个在聚精会神时突然迸发出灵感的人，都能理解至静力是何物。在事业上不遗余力地完成任务的人，明白至静力是何物。在众人注视下站出来，将自己所有的训练成果倾注于巅峰表演的人，品尝过至静力的滋味——虽然这是个“静中有动”的时刻。曾与独具慧眼的智者共处，亲眼见证此人在几秒钟内就解开了困扰自己数月的难题的人，也瞻仰过至静力的光彩。孤身走过雪中安静的街道，看着阳光轻轻洒在雪花上，心中涌起感恩生命的温暖的人，也体验过至静力的神奇。

盯着眼前的白纸，任由文字倾泻成优美的文章，却不知这些文字源自何方；站在细腻白沙堆成的沙滩上，向大海眺望，感觉成了比自身更伟大的自然的一部分；与爱人共度宁静一晚；为别人做好事而感到心中充实无比；与自己的思绪共处，第一次捕捉到思绪划过脑海时去思考它们的能力。这些，也是至静力。

没错，在我们所讨论的这个话题中，有些因素是不可言喻的。诗人赖纳·马利亚·里尔克口中那“充足且完整”而“将所有随机性和不确定性屏蔽”的宁静，是不可能完全用语言传达的。

老子曾有言：“虽名得到，实无所得。”[①] 或者，借鉴一位大师在回答学生该如何达到“禅定”时说的话：这无异于“骑牛觅牛”。[②]

你已经品尝到了至静的甘甜，你的灵魂曾被它触动。现在，你想要感受更多。

你也需要感受更多。

正因如此，本书的目的，就是向你展示如何发掘和利用我们

---

① 此句出自《清静经》，全称《太上老君说常清静经》，道教典籍。——译者注

② 唐代长庆大安禅师去礼拜百丈怀海禅师，向禅师问道：“人们学佛，不知像什么？”百丈禅师回答：“就像骑牛觅牛。”——译者注

已经拥有的至静力。这股力量，在我们降生时便已拥有，却在忙碌的现代生活中渐渐退化，本书就是告诉你该如何恢复这股力量并与之产生联系：如果说宁静的时刻是最美好的，如果有这么多睿智的贤者都对宁静大唱颂歌，那么，为何宁静时刻还如此难寻呢？

答案在于，虽说至静力或许是我们与生俱来的能力，但利用起来却并不简单。想要收到至静力所传达的信息，我们就必须真正侧耳倾听。想要对其做出回应，也需要持久的毅力和大师般的控制力。在为名利和健康问题而烦忧时，已故的喜剧演员盖瑞·山德林曾经在日记中提醒自己："保持静心是一门大学问，你必须敢于倾注一生最大的投入。"

接下来的内容，讲述的是与你一样的人们的故事，他们也曾在生活的噪声以及各种责任中挣扎，但最终成功找到了至静力并因此受益匪浅。约翰·肯尼迪、弗雷德·罗杰斯、安妮·弗兰克以及维多利亚女王，这些人成功和试错的故事，你将一一读到。另外，书中还有耶稣、泰格·伍兹、苏格拉底、拿破仑、作曲家约翰·凯奇、王贞治、罗珊·凯什、多罗西·戴、佛陀、莱昂纳多·达·芬奇以及马可·奥勒留的故事。

另外，本书也会涉及诗歌、小说、哲学著作以及科学文献。我们将会挖掘每一个时代的每一个学派，搜寻有助于指导思维、管理情绪和控制身体的方法，让我们做得更少，收获更多；成就更多，却不为成就所累。不只要感到更快乐，也要变得更强大。

想要获得至静力，我们就要专注于三个领域，即思想、精神和身体的永恒三部曲——头脑、心灵和肉体。

在每个领域中，我们都会探索该如何减少妨碍至静状态的干扰和焦虑，如何让自己与外部和内心停战，以及如何由内而外地获得持久的宁静。

你知道，这是你渴望的状态，也是你值得拥有的状态。你之所以需要阅读这本书，就是出于这个原因。

那么，就让我们一起来响应宁静的召唤吧，让我们一起探索内在的宁静，投入其中，安住其中。

第一部分

思想

阿朱那，人的思想不知停息，躁动鲁莽，固执任性，难以驯服。想要掌控思想，简直像驾驭强大的风一样困难。

——《薄伽梵歌》

探索思想之域

1962 年 10 月 15 日，从约翰·肯尼迪上床入眠到第二天起床的短短几个小时里，整个世界的格局发生了巨变。

总统入眠时，在古巴岛距离美国海岸线仅 145 千米处，美国中央情报局发现了正在建设中的苏联中程及远程核导弹基地。正如肯尼迪在几天后对震惊的美国民众所说的："其中的每一颗导弹都能袭击华盛顿特区、巴拿马海峡、卡纳维拉尔角、墨西哥城，或是美国东南部、中美洲以及加勒比海域的任何一个城市。"

这个事件，我们现在称为"古巴导弹危机"，或简称为"十三日事件"。在肯尼迪收到第一份简报时，他满脑子只能想到惨重的代价：美苏之间的最初几场交战，便可能造成多达 7000 万人丧命。但这只是预估，没有人真正知道核战争到底有多可怕。

肯尼迪能够确定的是，他所面对的是美国与苏联持续已久的冷战中一次前所未有的升级。无论造成这次升级的原因是什么，无论一场恶战看似多么无可避免，担子已然落在了他的肩上。无论如何，他不能允许事态进一步恶化，因为这场战争或许意味着地球生命的毁灭。

肯尼迪是一位含着金汤匙出生的年轻总统，被一位强势而厌恶失败的父亲带大，家人则开玩笑地将“别暴躁，去报复”这句话奉为家训。不难想象，对于毫无管理和领导经验的肯尼迪而言，任期的前一年半过得并不顺利。

1961 年 4 月，肯尼迪进攻古巴和在猪湾推翻卡斯特罗政权的企图失败，他为此失尽颜面。短短几个月后，在维也纳的一系列会议中，他又在外交上输给了苏联最高领导人赫鲁晓夫（肯尼迪后来称，这是“我人生中最艰难的一个时期”）。赫鲁晓夫察觉到了他的对手的政治弱点，可能也了解到肯尼迪因艾迪生病和二战中留下的背伤导致常年身体虚弱，因此，他一次次地对肯尼迪撒谎，说在古巴部署的所有武器都只是出于防御目的。

也就是说，在古巴导弹危机期间，像每一位领导者都会在任期的某个时间点遇到的难题一样，在肯尼迪面前，在复杂的个人和政治环境之中，摆着一个艰难的考验。需要回答的问题很多：赫鲁晓夫为何要这样做？他真实的盘算是什么？他到底想要达到什么目的？有没有解决问题的方法？肯尼迪的顾问怎么看待此事？肯尼迪本人又有哪些选择？他准备好迎接挑战了吗？他有能力迎接这个挑战吗？

他的答案，主宰着千百万人的生命。

肯尼迪的顾问很快就给出了明确的意见：必须调动全美的军事储备，将古巴导弹基地摧毁。每浪费一秒，都是在用美国的安全和声誉冒险。在对导弹基地进行突然袭击之后，美军必须全面入侵古巴。他们表示，鉴于苏联和古巴的所作所为，这一行动不但理由充分，而且是肯尼迪的唯一选择。

他们的逻辑似乎直指根源，大快人心：暴力一定要用暴力来对抗。以牙还牙，天经地义。

唯一的问题是，如果事实证明这些顾问的逻辑是错误的，也没有人能站出来指出他们的错误了，因为到了那时候，地球人全都已经魂归西天了。

初任总统时，肯尼迪在中央情报局的压力下支持了猪湾事件，但这次他竟提出了反对意见，让每个人都始料未及。不久前，他刚刚读了芭芭拉·塔奇曼的《八月炮火》，在这本书中，过分自信的世界各国领导人在第一次世界大战初期贸然参战的形象，深深刻在了肯尼迪的脑海中。一旦开战，战火便难以扑灭。肯尼迪希望大家都能慢下来，深入思考摆在面前的问题。

其实，这才是领导者和决策人的第一要务。我们的任务，并不是“跟着感觉走”或是紧紧抓住对事物的第一印象不放。不，我们要有足够强大的意志，抵制那些过于简单直接、因而几乎必错无疑的想法。因为，如果连领导者都不能花时间对大局有个清晰的掌握，那么还有谁能做到这一点呢？如果连领导者都不能把问题考虑透彻，那么民众还能指望谁呢？

从肯尼迪在危机期间手写的笔记中，我们可以看到，他选择了一种近似冥想的方法。他在无数纸页上写下“导弹，导弹，导弹”“反对，反对，反对，反对”，或是“领导人，领导人，领导人”等字样。在其中一页上，我们能够看出他并不想固执己见或只考虑自己的利益："共识，共识，共识，共识，共识，共识。"在一次会议中使用的黄色信笺上，肯尼迪画了两艘帆船，靠想象他深爱的大海来平复情绪。最后，仿佛是提醒自己认清唯一的重点，他在白宫信笺上写下了这样短短的一句话："我们坚决要求撤出导弹。"

或许就在肯尼迪与顾问坐在一起往纸上涂涂写写时，他忽然想起了自己读过的另一本书中的一段文字，那是战略学家李德·哈特的一部关于核战战略的著作。几年前，肯尼迪曾经在《星期六文学评论》上为哈特的书写过一篇书评，他在其中摘录了这样一段话：

> 如果可能，保持内心坚强。无论如何，都要保持冷静。拥有无尽的耐心。绝不要把对手逼入绝境，永远帮助对方挽留颜面。把你自己放在对方的立场上，以便通过他的视角来看问题。要像躲避恶魔一样避免自以为是——没有什么比这更能蒙蔽你的双眼了。

这段话，成了肯尼迪在导弹危机期间的座右铭。他曾这样对他的顾问说："我觉得，我们应该考虑一下苏联人为什么要这么做。"他们到底想要获得什么利益？这是他真正想要寻找答案的问题："苏联人如此布局，一定有什么重要的原因。"正如肯尼迪的顾问兼传记作者小亚瑟·施莱辛格所写的："肯尼迪总统懂得设身处地地理解他人的困难，因此他能认识到，从克里姆林宫的视角出发，这个世界看起来是多么危险。"

这种理解力帮助肯尼迪对这一突如其来的危险挑衅做出了巧

妙的回应，也让他预料到苏联会如何处理他的回应。

肯尼迪意识到，赫鲁晓夫之所以将导弹设在古巴，是因为他确信肯尼迪软弱无能，但这并不意味着苏联人觉得自己的处境非常有利。他发现，只有一个被逼到绝境的国家才会冒此风险。这个认知，是他与团队（名为“国家安全执行委员会”）进行了漫长的讨论后得出的，在这一理念的指引下，他开始制订一套行动计划。

很显然，在所有的选项中，军事袭击是最不可挽回的一项(在肯尼迪的顾问看来，这一选项也不一定有效)。肯尼迪想：这之后会发生什么？有多少士兵会在入侵行动中牺牲？虽说初衷是为了解除核危机，但对于大国入侵小国的举动，世界各国又会有何反应？为了保全面子和保护古巴岛上的士兵，苏联又会采取怎样的行动?

这些问题，让肯尼迪做出了封锁古巴的决策。对于这一较为平和的选择，将近一半的顾问都表示了反对，但他之所以偏爱这一措施，就是因为这保留了他的选择权。

另外，这场封锁也体现了肯尼迪常说的一句话中的智慧：“将时间用作工具。”[①] 这不仅让两国都有机会评估这场危机的风险，也让赫鲁晓夫有机会重新审视他认为肯尼迪软弱无能的偏见。

事后，肯尼迪也因这个决策受到了一些人的质疑。为什么要对苏联提出挑战？这些导弹为什么这么重要？美国不也对着苏联架设了许多导弹吗？肯尼迪对这些质疑并非充耳不闻，但就像他在 10

---

① **将时间用作工具：**肯尼迪的原话为“We must use time as a tool, not as a crutch”，即“我们必须将时间用作工具，而不是当成拐杖”。——译者注

月 22 日对美国民众的一次讲话中所说的，一味地退让是不可取的：

> 20 世纪 30 年代给了我们一个明确的教训：如果不加约束和质疑，任凭暴力行为发展，这些行为最终必将酿成战争。美国是一个反对战争的国家。我们是一群信守诺言的人。因此，我们的坚定目标，必然是防止这些导弹被这个国家或世界上任何国家所用，还要确保将这些导弹从西半球撤出或清除……我们绝不会以全球核战为代价而采取贸然或不必要的行动，这样的战争即便获胜，也会化为自己口中的苦果。但是，一旦遇到需要面对风险的时候，我们也绝不会胆小畏缩！

这个结论最令人惊叹的地方，在于肯尼迪得出结论时的淡定。虽然当时的情况带来了巨大的压力，但无论是听磁带、读文本，还是看当时拍下的照片，我们都能感受到大家是多么团结且坦诚——没有人争吵反对，没有人大声呵斥，也没有人相互指责（即使遇到紧张的情形，肯尼迪也会付之一笑）。肯尼迪没有用“我执”来左右讨论，同时也不允许任何人对自我的执念压倒别人的声音。意识到顾问因他在场而无法畅所欲言时，他便离开房间，好让顾问们自由讨论，集思广益。肯尼迪超越了党派和竞争对手之间的界限，他坦诚咨询了在世的三位前总统，并邀请前国务卿迪恩·艾奇逊参加高级机密会议，与他平起平坐。

在形势最为紧张的时刻，肯尼迪会在白宫玫瑰园中独处（事后，他还特地感谢了园丁在危机时期所做的重要贡献）。他会进行长距离游泳，一方面整理思路，一方面思考问题。他会坐在总统办公室里为他特别定制的摇椅中，沐浴着从开阔的窗口射进来的阳光缓解背痛，以免业已笼罩华盛顿和墨西哥的（冷战）浓雾因他的身体疾病而显得更加厚重。

在一张照片上，肯尼迪背对着房间墙壁，向前躬身，两个拳头抵在那张数百万投票人选择供他使用的大桌子上。这是一个双肩承载着整个世界命运的男人。一场核武器大国蓄意挑起的突发危机挑战着他的耐心，评论家则在质疑他的勇气。他要考虑政治因素，也要考虑个人利益，他所承受的重压已经超出了任何人在同一时间所能承受的极限。

然而，所有这一切都不会打乱他的阵脚，也不会混淆他的判断，或让他不敢做出正确的选择。他是整个屋子里最镇定的人。

肯尼迪需要保持这种状态，因为，做出封锁的决定，仅仅是第一步而已。

接下来要做的，便是宣布将古巴周围 800 千米作为封锁区（他将此区域巧妙命名为“隔离带”，以淡化这场封锁中较为具有挑衅意味的因素）并强制执行。此举受到了苏联的激烈指责，也遭到了联合国的抗议。国会领导人表达了他们的质疑。十万名士兵在佛罗里达待命，以备不测。

除此之外，实际的挑衅行为也开始出现：一艘苏联邮轮进逼隔离线，数艘苏联潜艇浮出水面，一架美国 U-2 侦察机在古巴上空被击落，飞行员丧命。

世界上最大最强的两个国家之间，形成了相持不下的僵局。具体的情况，要比任何人所知的更加岌岌可危——之前人们以为只是进行了部分组装的苏联导弹，现在已经组装完毕，随时可以发射。即使这些信息当时并不为人知，但人们仍能察觉到时局危于累卵。

肯尼迪会不会意气用事呢？他会犹豫吗？会被击垮吗？

不。他不会。

“让我担心的并不是第一步的军事行动，”这话肯尼迪既是在对顾问说，也是在对自己说，“而是双方逐渐升级到第四步、第五步——之所以没继续走到第六步，是因为对手已经被干掉了。我们必须提醒自己，我们正在往一条极其危险的路上走。”

肯尼迪给赫鲁晓夫留出了喘息和思考的空间，而由此产生的回报，也来得很及时。10 月 26 日，危机发生的第十一天，赫鲁晓夫给肯尼迪写了一封信，他觉得两个人正在拔河，而绳子的中间就是战争的结。拉扯得越使劲，解开绳结就越困难，最终，他们只能用剑来砍断这条绳子。然后，赫鲁晓夫又提供了一个更加形象的比喻（这个比喻在地缘政治和日常生活中同样适用）：“如果人们不拿出政治家的智慧，最终大家会像瞎眼的鼹鼠一样撞在一起，接下来，相互残杀便一触即发了。”

忽然之间，这场突如其来的危机戛然而止。苏联人意识到，自己的地位不堪一击，挑战美国决心的试验也以失败告终，于是便发出了协商和解的信号——他们愿意将导弹撤出。舰艇停止了前进的步伐。肯尼迪也早已做好了准备。他保证，美国将不入侵古巴，给苏联及其盟军一次获胜的机会。他还私下告诉苏联人，愿意撤出美国架设在土耳其的导弹，但为了不给人留下他在压力下放弃盟军的印象，他需要过几个月再采取行动。

利用清晰的思路、智慧、耐心，以及在一场牵扯多重势力且一点即燃的复杂冲突中寻找根源的敏锐洞察力，肯尼迪让地球免遭核武器带来的灭顶之灾。

我们可以说，至少在这不到两周的时间里，肯尼迪已经达到了中国古典名著《道德经》中所阐述的“清净”状态。在面临核战危机时，他“豫兮若冬涉川，犹兮若畏四邻，俨兮其若客，涣兮其若凌释，敦兮其若朴，旷兮其若谷，混兮其若浊”。按照道家的观点，肯尼迪让自己大脑中浑浊的“水”静止了下来，以便透过它看到真相。作为一名斯多葛学派的哲学家，马可·奥勒留皇帝也曾经勇敢面对过数不清的危机和挑战，借用他所勾勒出的画面，我们可以说，肯尼迪“如一块被浪花不断拍打的岩石般纹丝不动，连狂怒的大海也在它四周沉静下来”。

每个人都会在自己一生中的某个时候遇到需要应对的危机，其代价或许不会这么高，但对我们而言仍然事关重大。一家处在破产边缘的企业，一场硝烟四起的离婚，一次关乎事业前途的决定，一个整个大局落在我们身上的时刻——这些情况，需要我们调动所有心力。如果你想要准确出招，拿出最好的表现，那么感情用事或被动回应——也就是没有考虑成熟的回应，是换不来好结果的。

因此我们需要的，就是肯尼迪所利用的至静力——他的沉着、开明、同理心，以及能抓住真正重点的洞察力。

遇到这样的情况时，我们必须做到：

- 完全安住于当下
- 清空脑中先入为主的偏见
- 慢慢来
- 静坐沉思
- 拒绝干扰
- 平衡把握他人的意见和自己的想法
- 深思熟虑，但不要想得太多，以免被缚住手脚

若想取得成功，顺利应对生活中的诸多危机，我们必须培养思维的至静力。

做到这一点并不容易，但非常重要。

肯尼迪在导弹危机期间采取的行动并不是与苏联针锋相对，他也没有用更先进的武器威胁对方，相反，他用冷静而理性的领导风范，压倒了鲁莽而轻率的呼声。这场危机得以解决，正是由于肯尼迪及其团队的冷静思考。在接下来的几年里，这一特质也在美国频频派上用场。这件事让我们学到的不是蛮力，而是冷静的强大力量，是在自信与谦虚、远见与当下、同理心与不可动摇的信念、忍耐与坚韧、安静独处与集思广益之间自如切换。

如果更多人能够做到这一点，那么这个世界将会更加美好吗？你自己的生活将会更幸福吗？

像林肯一样，肯尼迪也并非生来智慧。在中学时，他是一个

叛逆的捣蛋鬼，在大学的大部分时间和议员任期内，他也只是个“半吊子”。他内心有自己的魔鬼，也没少犯错。但是通过艰苦的努力——这种努力你也有能力做到——他克服了这些缺点，培养出一种沉着冷静的特质，并因此在那让人提心吊胆的十三天里获益匪浅。这种努力涉及的范畴不多，却几乎被所有人忽视。

接下来，我们就将重点转移到这个问题上——如何掌控我们在本节所说的“思想之域”。因为我们所做的一切，都要以处理好这个领域为基础。

活在当下

别指望将来，不管它多可爱！

让逝去的过去，将它自己埋葬！

行动吧，在活生生的当下！

真心在胸，主宰在上！

——亨利·沃兹沃斯·朗费罗

2010年，玛丽娜·阿布拉莫维奇将自己在纽约现代艺术博物馆举办的四十年回顾展命名为“艺术家临在”，这个名字几乎注定了这将是一场精彩绝伦的行为艺术表演。毋庸赘言，无论通过何种方式，玛丽娜都要表现出“临在”的主题。

但是，没有人能想到，她竟然真的做到了“临在”——整个过程都在。

有谁能想到，在一共79天、750个小时的时间里，在没有感官辅助、没有干扰，连厕所都不能去的条件下，一个人竟然能够安安静静、全然不动地坐在一把椅子上，与1545位陌生人对视呢？又有谁能想到，她竟然自愿这样做，而且成功了？

有人问她曾经的情人和合作者乌雷对此举能否成功的想法，他说：“我没有想法，只有崇敬。”

这场表演的形式简单明了。时年63岁的玛丽娜梳着过肩的长辫，走进一间空旷的房间，在一把结实的木椅上坐下，然后直视她面前的人。时间一个小时一个小时地流逝，一天天地过去，在差不多三个月的时间里，人们一个接一个地到来。每一次，她都会低头俯视，重振精神，然后抬起双眼，用崭新的目光看向每一张新的面孔。

就像玛丽娜对自己艺术的评价一样：“此次表演的主题，就是放空自我，达到安住当下的状态。”

安住当下，真有那么困难吗？其中到底有什么特别的呢？

在与她相对而坐的观众中，没有一个人提出这样的问题。对于那些有幸亲临表演现场的人，这是一场近乎神圣的体验。能够感受到一个人完全沉浸当下，这样的机会是非常珍贵的。能够感到此人将注意力放在你的身上，将所有的能力传送到你的身上，仿佛除此之外世界上的一切都不重要——这种机会更是罕见。那么，能目睹此人在如此长的时间里如此专注地投身于当下呢？

许多观众都热泪盈眶。每个人都表示，排队等待的几个小时是值得的。这感觉就仿佛凝视一面镜子，在这里，大家第一次感知到了自己的生命。

想象一下：如果玛丽娜走了神，如果她的思想开了小差，那么坐在她对面的人马上就能意识到她的心不在焉。如果她将自己的思想和身体放得太松弛，那么就有可能睡着。如果她顾及身体的饥饿、不适、疼痛以及排泄需求等正常出现的感觉，那就不可能不动弹。如果她开始考虑一天的表演还剩下多长时间，那么时间便会像缓慢龟爬一般让人难以忍受。因此，利用僧人般的自律和战士般的力量，她忽视了这些干扰，让自己完完全全地活在此刻。双脚放在哪里，心也要安住哪里；她需要将注意力放在她对面坐着的人以及两人共享的体验之上，这比世界上其他一切都重要。

谈到这些表演时，玛丽娜表示："人们不理解，做一件近似于虚无的事情，这才是最大的挑战。这需要你全身心地付出……没有东西可以让你掩饰自己。你要将自己和盘托出。"

活在当下需要你全身心投入。这可不简单，或许可以算是世界上最难做到的事情。

站在讲台上，即将发表演讲的时候，我们的思想并未集中在眼前的任务上，而是在琢磨别人会对我们抱有怎样的看法。这怎会不影响我们的表现呢？应对危机之时，我们的大脑却一直在翻来覆去地思考这件事有多不公、为什么这种事会一再发生、这种状况再也不能继续下去了……最需要情绪和思想上的动力之时，我们却偏偏要把这些能量耗尽，这又是何苦呢？

即便是一个在家度过的静谧黄昏，我们仍然满脑子琢磨着有什么地方可以改进。落日余晖虽然美好，我们却不去静静享受，而是忙着拍照记录。

我们不在当下，因此错过了人生，错过了我们最好的状态，也错过了静观眼前美景的机会。

许多排队观看玛丽娜 阿布拉莫维奇表演的观众，恰好证实了这个现象。博物馆一开门，他们便一拥而入，从她在艺术家生涯中所创作的同样值得驻足关注的艺术品前匆匆走过，以便成为这场特殊表演的第一个参与者。站在队伍里，他们不停地左右晃动，彼此交谈，试图打发掉这几个小时的时间。他们时而靠着彼此小睡，时而一次又一次地查看自己的手机，他们计划着轮到自己的时候该做些什么，并猜想到时的体验究竟会如何。还有人在私底下练习着自己的绝活，想要换取稍纵即逝的名气。

然而，他们却忽视了多少眼前平凡的美好。

这让我们不禁思考：亲身感受了真正活在当下的状态——在与玛丽娜共享了这伟大一刻之后，离开博物馆，重新踏上纽约熙熙攘攘的大街的人们，是否会在都市丛林的纷繁节奏中重新呼吸一口新鲜空气呢？或者，他们是否会马上恢复之前的忙碌生活，重新跌入分心、焦虑、渴望、不安和我执中呢？

简而言之，他们还会落入绝大多数人每天都会落入的“窠臼”吗？

我们并没有活在当下，活在此刻，更准确地说，我们是在通过思考、行动、谈话、焦虑、回忆、希望等途径，拼命挣扎着从当下逃脱。我们花费几千美元，换取一台可以揣在口袋里、确保我们永远也不会无事可干的装备。我们报名和争取无数的活动和职责，追逐金钱和成就，而这一切，都是因为我们天真地认为：幸福就在这条路的终点等待着我们。

托尔斯泰曾经说过：“爱情不可能存在于未来。只有发生在当下的爱情，才是真实的。”细想起来，这句话可以用到我们所想、所感、所做的几乎一切事情上。最大赛事中最棒的运动员就全然活在当下——他们回归自身之内，投身于当下。

切记，伟大、清净、洞见、快乐、平和，全都不存在于未来。你所有的，只有当下这一刻。

我们所指的当下，并不真的只是指这 60 秒钟。真正的当下时刻，是我们选择投身其中的时刻，而不是身在其中却留恋过去或为未来焦虑的时候。无论是对过去的回忆，还是对未来某时将会发生的事的担心或期待，能将这些情绪收起多久，当下就有多久。当下可以是几分钟、一上午，或是一整年——如果你能在其中安住这么久的话。

就如劳拉·英格尔斯·怀尔德[①]所说："现在就是现在。其他的一切，都不是当下。"

抓住当下吧！

谁能如此天赋异禀，能够三心二意地去面对困难或机遇？谁的情感能牢固到不用心相处也能勉强维持？谁能如此确定，现在即便逝去，明天一定会到来，因此可以有恃无恐地将此刻略过？在为过去扼腕和为未来焦虑上浪费的精力越少，我们能投入眼前的事情上的精力就越多。

我们应该学习像艺术家一样看待世界：其他人或许对周遭的事物毫无察觉，但艺术家却看得清清楚楚。他们全心投入，鸟儿飞翔的姿态、陌生人握叉子的方式，或是母亲看孩子的目光，都被他们看在眼里。他们的心不在明日，他们唯一的想法，就是如何捕捉和传达这当下的体验。

艺术家就活在当下，而伟大的作品，便是从至静中诞生的。

我们正在体验的这一刻，就是一份礼物（正因如此，我们才

---

① **劳拉·英格尔斯·怀尔德**（1867—1957）：美国作家，代表作《大森林里的小木屋》系列儿童作品。——译者注

将之称为“the present”[1]）。虽然当下这一刻可能充满压力和挑战，但也可能是我们的最后一刻。因此，让我们培养活在当下的能力，调动每一个细胞，全身心地沉浸在丰富多彩的现在。

不要因为当下这一刻不合意而拒绝难熬或无聊的一刻，不要因为你的不安全感或害羞而浪费了美好的一刻。将你现有的资源最大程度地利用起来，过你所能过的最美好的生活。这就是所谓的“卓越”，这种状态，因活在当下而变得拥有无限可能性。

在冥想中，老师会教导学生专注于呼吸，一吐一纳，一呼一吸。在体育运动中，教练会强调“过程”，也就是这一场比赛、这一次演练、这一个动作。这不仅是因为当下这一刻的绝无仅有，也是因为如果运动员走神，就无法发挥出最好的表现。

如果我们能在日常生活中遵循这一点，便将受益匪浅。耶稣曾告诉他的门徒，不要为明天忧虑，因为明天自有明天的忧虑。另一种说法是：眼前的事情已经够多了，无论眼前的事有多么微不足道，都要专注于当下。拿出你现在所能拿出的最好表现，不要考虑别人会怎样诋毁你。不要踟蹰不前，也不要画蛇添足地把问题复杂化。安住于此，全身心地做自己。

活在当下吧。

如果说你以前有过尝试，但失败了，那也没有问题。当下的一个好处就是，它会一次又一次地出现，一次又一次地给你机会。

---

① “the present”在英文中表示当下，而 present 同时也有“礼物”的意思。——译者注

限制信息输入

丰富的信息，造成了注意力的贫乏。

——赫伯特·赛门[①]

拿破仑在统领军队时，专门培养了推迟回复信件的习惯。他指示秘书，任何信件都要等三个星期后再打开。因为三周后，许多所谓“重要”的事件已经自动化解，不再需要回复了。

拿破仑虽然是一位古怪独特的领导者，但他从未忽视自己的职责，也不会对自己的政府和士兵不管不问。然而，想要积极主动地关注真正重要的事情，他就必须对占用他大脑的人与信息有所选择。

同样地，他也曾嘱咐信使永远不要因为好消息便从梦中将他叫醒。相反，一旦遇到坏消息——也就是刚刚萌芽的危机或对战争带来负面影响的紧急事态，他则要求下属立即向他汇报。“马上把我叫醒，”他说，“因为这种事情刻不容缓。”

对于忙碌人士的生活而言，这两种方法都非常适用：每天都有太多的信息扑面而来，若想保持思路清晰，我们就必须了解如何

---

① **赫伯特·赛门**（1916—2001）：中文名为司马贺，美国著名学者、计算机科学家和心理学家，研究领域涉及认知心理学、计算机科学、公共行政、经济学、管理学和科学哲学等多个方向。——译者注

才能把无关紧要的事情与重要事件分开。单靠深度思考和冷静分析是不够的，作为一名领导者，你还必须为此创造时间与空间。

在现代社会，想要做到这一点并不容易。20 世纪 90 年代，政治科学家开始研究所谓的“CNN 效应”[①]。24 小时不间断的媒体报道，使得政客和企业高管很难不受影响。信息铺天盖地，每个小细节都在显微镜下被放大，各种推测泛滥，人们的大脑也不堪重负。

现在，“CNN 效应”不再只是总统和将军的问题，而是波及每一个人。我们每个人所拥有的信息，都远超我们能够合理消化的极限。我们告诉自己，这是工作内容的一部分，必须要“掌握时局”，因此，我们将宝贵的时间花费在新闻、报道、会议以及其他形式的信息反馈上。即便不是终日沉迷于电视，我们也仍被流言蜚语、家长里短和其他干扰包围着。

这一切，必须要画上句号了。

爱比克泰德曾经说过：“如果你想提升，那就满足于在无关紧要的事情上显得无知或愚笨吧。”

拿破仑安于在回信上慢人一步，即使这会引得一些人不满或是让他错过一些闲言碎语，但这也意味着，无需他插手，这些微不足道的问题会自行化解。我们也需要培养一种类似的态度——给事物留出一点儿空间，不要立即消费实时发送的新闻，在最新的潮流或文化现象上晚别人一两步，不要让你的收件箱控制了你的人生。

等你着手处理所有事务的时候，真正重要的事情仍然重要，

① **CNN 效应**：政治科学及媒体研究的理论，通常指新闻媒体在政治冲突或争端时对政治和政府决策的影响。CNN 即美国有线电视新闻网。——译者注

而不重要的事则会将其无足轻重彰显出来（或是直接自行消解了）。然后，你便可以带着至静力摒弃不必要的紧迫感或疲劳感，安坐下来，将全副精力投入值得投入的事情。

无论是一档广受好评的电视节目、一则业内最新的小道消息、一条最辛辣的评论，还是（中东、非洲、亚洲、气候、世界银行、北约组织等发生的）一场最棘手的危机，如果你想要网罗一切潮流，那就是“我执”在作祟。想要表现出自己是一个博闻强记的人、搜集八卦最多的人、对每个人的私事都如数家珍的人，这也是“我执”在作祟。

这不仅会让我们失去内心的清净，还会带来巨大的机会成本。想想看，如果你更加镇静，更加自信，拥有更长远的眼光，又会将自己的精力投入哪些真正有意义的事情呢？

在 1942 年的日记中，天主教修女和社会活动家多罗西·戴也曾这样告诫自己：“关掉你的收音机。”她写道：“把新闻日报收到一边，只读一篇事件的回顾总结即可。把时间花在阅读上。”她在这里所指的是把时间花在读书上，读那些充满智慧的书。

然而，读书也有过头的时候。

这是一首约翰·费里尔[①]的小诗：

何等狂野的渴望，何等恼人的折磨，
才会缚住那不幸之人，那患上读书之瘾的人。

① **约翰·费里尔**（1761—1815）：苏格兰物理学家和诗人。——译者注

我的意思是说，当你被信息淹没的时候，是很难做到清醒思考和行动的（获得快乐就更别提了）。律师试图用各种文件掩埋对方，正是出于这个原因；聪明的密探通过政治宣传对敌人进行信息轰炸，让对方失去对真相的判断力，也是出于这个原因。人们将这些手段企图达到的目的称为“分析瘫痪”，也绝非偶然。

然而，我们竟会把这手段用在自己身上！

晚于拿破仑大约一个半世纪，另一位伟大的将军（后来升任参谋长）德怀特·戴维·艾森豪威尔，也被卷入没完没了而真假难辨的信息洪流之中。他的解决方法是在信息的处理上严格遵守指挥链——没有人可以把没打开过的邮件交给他，也没有人可以把探讨了一半的难题直接扔给他。内心的平静事关重大，因此，他必须要让这些繁杂的信息流动起来才行。他发明了一种机制，将信息和问题分组填进一组表格中，这种表格被现代人称作“艾森豪威尔盒子”，可以按照紧迫性和重要性为不同事项排出优先级。

艾森豪威尔发现，无论是全球时局还是工作中发生的事情，有许多都是紧急但不重要的，绝大多数真正重要的事情，时效性却很弱。为信息分类，使他能够更好地将人员分配到重要而非看似紧迫的事务上，让他们从整体战略入手而非消极应对，深入处理重要问题，而不在过多事务性工作上分散精力。

的确，无论将军、总统还是银行的首席执行官，伟大的领导者所做的第一件事，就是限制能够接触到自己的人数。这部分人进而成为守门人，将空降访客、小道新闻、八卦报道拒之门外。这样一来，领导者才能静观全局，有时间和空间进行思考。

因为如果领导者不做这些事，这些事就没人能做。

在《沉思录》中，马可·奥勒留写道：“时时问自己：‘这件事必要吗？’”

认清哪些事是不必思考的，哪些事是应该忽略和放弃的，这才是你的第一要务。

一行禅师[①]说过：

> 在对人生做出重大改变之前，我们必须要好好审视自己的饮食以及消费的方式。我们要选择一种停止消费那些对我们有毒有害之物的生活方式。这样一来，我们才有力量唤醒最好的自己，不再被愤怒或沮丧所左右。

这个道理对食物适用，对信息同样适用。

有句话说得很好：“无用数据入，无用数据出。”（Garbage in, garbage out.）如果你想要生产出好东西，就要严格把控输入的原料质量。

想要做到这一点并不容易，自律是必需的。

这意味着你应该减少闹钟和信息通知；打开“勿扰”模式阻拦消息通知，将电子邮件导入子文件夹中；对所谓的“开门”政策多加警惕，甚至对你居住的地点也要加以审视；远离那些将不必要的矛盾冲突带进我们生活中的自私之人；带着更有哲学性的眼光来

① **一行禅师**（1926—　）：越南人，现代著名的佛教禅宗僧侣、诗人、学者及和平主义者。——译者注

研究这个世界。也就是说，你要从长计议，而不是将每分每秒都花费在追踪时事上。

清晨早起时，你的大脑尚未被外界杂音所污染——这种神清气爽的感觉，是值得去捍卫的。同样值得捍卫的，还有你在高效工作时所进入的状态。不要让干扰将你从这种状态中逐出，架起保护栏，设好对应的渠道，将紧急但不重要的事务分派给对应的人员。

沃克·珀西是美国南方最后一代伟大作家之一，他的小说《兰斯洛特》是基于自己在闲散、玩乐生活中的挣扎而创作的。在书中，心烦意乱的故事讲述者走出他位于密西西比的别墅，戛然停住了脚步。像这样停下来，还是这么多年来的第一次。他踏出自己身处的泡沫，用心体验着当下的一刻。他问道："一个人，是否能够孑然而立，赤身裸体，泰然自若，像米开朗基罗塑造的大卫一样将一只手搭在身体一侧，无需帮助，无需消遣……全然沉静？"

> 没错。我能够站在这里。什么也没有发生。我侧耳聆听，一片阒寂，没有任何声响：河上没有船只，路上没有卡车，就连知了也没有。如果我不听新闻，会发生什么呢？我没有听新闻，却什么也没有发生。我意识到，一直以来，我都在惧怕安静。

正是在这种安静之中，我们才能活在当下，最终看到真理。正是在这种安静之中，我们才能听到内心的声音。

如果人们能拿出与花在收听聒噪广播上同样多的时间去倾听

内心的良知，如果人们能像回复口袋里电子设备的叮咚通知一样及时回应信念的召唤，那么世界将变得多么不同啊！

噪声震耳欲聋，信息铺天盖地，输入无处不在。

我们害怕沉寂，我们害怕露怯，我们害怕错过机会，我们害怕成为那个勇于说“不，我不感兴趣”的坏人。

我们宁愿让自己痛苦，也不愿把自己放在首位，不愿成为最好的自己。

我们不愿沉静下来，不愿掌控自己的“信息摄入”。

清空大脑

想要放空，就是与神合二为一——这，就是道。

——阿波研造[①]

2002 年，肖恩·格林在自己棒球生涯的低谷中，开始了为洛杉矶道奇队效力的第三个赛季。媒体伺机捕捉他出糗的消息，球迷也等着看他颜面扫地，甚至在球场上对他报以嘘声。就连道奇的管理层也开始对他产生怀疑：一年赚 1400 万美元的他，却连球也击不中。

在经历了一连几周的击球不力之后，他会被送去坐候补板凳吗？会被换到其他队吗？会被降级到小联盟吗？

就像任何一个在工作中力不从心的人一样，格林的脑海中，飞快地闪过这些问题。脑中那个微弱的声音逼问着："你有什么毛病？为什么不能把球打好？你是不是能力不比从前了？"

其实，击中棒球本身已是一项几乎难以想象的绝技。一颗小球从大约 18 米开外的高位以超过每小时 145 千米的速度飞来，而击球手需要看见棒球、进行思考、做出决策、挥动球棒、击中棒

---

① **阿波研造**（1880—1939）：日本著名箭术大师。奥根·赫利格尔在《箭术与禅心》一书中介绍了自己向他学习箭术的故事。——译者注

球——400 微秒，这是棒球从离开投手丘到飞抵击球手近前的耗时。想要挥棒击中，简直是在对抗物理学——这是所有体育运动中最为困难的动作。

低谷期带来的焦虑和疑惑，让击球难上加难。尤吉·贝拉[①]就曾提出这样的警告："击球和思考是不可能同时做到的。"

对于格林来说，击不中球的时间越长，棒球看上去就越小。但是，他长年修习的佛学拯救了他，使他的职业生涯没有被这样的恶性循环毁灭。他放弃了努力，不再在那些让人心烦意乱的杂念中越陷越深，而是尝试完全清空大脑。他不再努力抵抗低谷，而是尝试着完全不去思考低谷。

这种做法看起来荒谬，其实不然。日本学者铃木大拙就曾说："人虽弱如一根能思考的芦草[②]，但在不算计也不思虑时，却能成就伟业。只有经年累月地修炼'忘我'这门艺术，才能恢复'童真'状态。达到这种状态之后，人便能在不思考的状态下进行思考。"

脱离低谷的方式，并不是咨询专家或重新设计挥棒的方式。肖恩·格林知道，他需要做的，是摆脱那些起初让他脱离状态的有害想法——对这笔天价合约的顾虑、对赛季前景的预期、家庭关系的压力，还有媒体的批评。

他需要把这些声音从脑中赶走，需要让训练占据整个身心。

---

① **尤吉·贝拉：**即劳伦斯·彼得·贝拉（1925—2015），昵称尤吉·贝拉，美国职业棒球大联盟前捕手、教练与球队经理，球员生涯主要效力于纽约扬基队。——译者注

② 此句是布莱士·帕斯卡的名言，原句为："人，只不过是一根芦苇，是自然界最脆弱的东西，但他是一根能思考的芦苇。"——译者注

而这正是格林在2002年5月23日那天努力想要进入的状态。那是与密尔瓦基酿酒人队一系列比赛后的决胜赛。道奇队在前一天以1∶0的比分勉强胜出，而在此前一晚的比赛中则以败北收场，格林只是零星击中几球，表现令人失望。因此，当天早上来到球场的时候，他努力想给自己一个全新的开始。无论是在击球笼，还是在击球架旁，他都静下心来，耐心地一点点清空脑中的杂念。每次挥棒，他都努力专注于动作、力度以及双脚的位置，真正将自己根植于双脚所在的地方——不去想过去，不去担心将来可能发生的事情，不去考虑球迷，也不思考该如何击球。实际上，他什么都没有想，而是不停对自己重复一句古老的禅语：砍柴，担水。砍柴，担水。砍柴，担水。[①]

不要过度分析，干活就好。

不要思考，只管击球。

当天第一次上场击球时，前两次投球格林均未击中。他的大脑在不停窃语："这次低谷期会这样持续下去吗？到底有没有终结的一天？我为什么就是表现不好呢？"但是，他只是任由这些野马般的思绪奔涌而过，等待着马蹄踢起的沙尘落定。他深吸一口气，再次放空大脑，让大脑空如做赛前准备时体育场的观众席一般。

然后，他继续回到比赛中。第三次投球——啪！一记漂亮的

---

① 语出《禅宗公案》：通慧之前，砍柴担水；通慧之后，担水砍柴。——译者注

二垒安打，将球击到右外野线。

在第二局中，格林得到一个内角快速球。他把前脚稳稳踩在地上，只将注意力集中于此，也就是这种稳稳扎根于地的感觉。他紧盯投球，然后挥棒，球很快便沿着相反方向往回飞，高高跃过球场右外野的全垒打墙外。这次本垒打获得三分。在第四局中，他又打出一记全垒打，将球打到右外野之外的步道上。第五局时，他再用一记全垒打，将球远远打入左外野。反方向全垒打，标志着击球手开始真正进入状态了。在第八局的时候，他又打出了一记一垒安打长球。

他的低谷期就此画上了句号。

打出五球五中的成绩后，他的经理人想让他结束一天的比赛，回去休息。但格林要求再打一球。

现在，他的思维沿着另一个方向高速运转，脑中已没有疑虑，而是被赞誉所充斥："你真是所向披靡。这是多么激动人心的事情呀！你还能打出一个全垒打吗？说不定能破纪录呢！"

就如低谷期那个过于敏感的声音一样，在鸿运当头时，人们心里的声音也能形成一个同样有害且高速运转的心理怪圈。二者都能形成障碍，都能让本就困难的事变得更加复杂。

第六次也是最后一次踏入击球手区的时候，肖恩·格林嘱咐自己："现在不是思考的时候。"他清空大脑，像参加少年棒球联盟赛的孩子一样逍遥自在。

没有压力，只有当下。安住当下，已是圆满。

格林接到的第三记投球是一个低位切球，这是个极低的内角球，高度还不到他的膝盖。对于格林这样的左撇子来说，在低谷期，这个区域就如同一个黑洞，而一旦打出感觉，又仿佛火力全开。格林击中了球，他的挥棒让一位教练都不禁赞叹说，一切仿佛是在慢动作下发生的。这位击球手身心的每个细胞都安住在球棒之后，他将球远远地打到右外野之中，球高高飞到封闭式体育场的后墙上，然后弹回球场中。

格林的队友们在球员休息区炸开了锅，而他却依旧低调，像前三次本垒打一样平静而谨慎地小步绕过一圈，跑回本垒。虽然从他这种宠辱不惊的态度很难看出来，但在那一刻，他已经成了有史以来第 14 位在一场比赛中打出四个全垒打的球员。六打六中，共十九支垒打、七支安打，这或许要算是棒球历史上最精彩的表现了。这场客场比赛的全部 26 728 名球迷纷纷起身，鼓掌欢呼。但是格林已经开始将这一切从脑中抹去，重新找回平时的节奏。他脱下击球手套，清空大脑，以便迎接下一次的比赛。[①]

肖恩·格林并不是棒球选手中的第一位佛教徒。棒球史上最伟大的全垒打击球手王贞治，也是其中之一。他的老师曾经教导他，禅的目的在于“达到空……无声，无色，无心之空”。无论是在投手丘、击球手区，还是在练习中，都要进入这种空的境界。

中国古代的哲学家庄周曾说：“唯道集虚。虚者，心斋也。”马可·奥勒留也曾写过，想要成为“一个在完美的宁静中自得其乐

---

① 在接下来的两场比赛中，格林又打出了三个全垒打。在这三场比赛中，他获得了共计十三打十一中的成绩，并打出七记全垒打。在最后一次全垒打时，他将球棒都打断了，这根球棒现在还存放于美国国家棒球名人堂博物馆中。

的圆”，就要“割除附着在思想上的情感，脱离未来和过去”。但是，如果你在翌日《洛杉矶时报》关于道奇和酿酒人队比赛报道的第一段读到这些文字，那也完全适用。马可在哲学上的前辈爱比克泰德就曾在谈论体育时说过：“如果我们在接球或投球时紧张焦虑，这会对比赛造成什么影响呢？运动员应该如何保持镇静，如何预知未来将要发生的情况呢？”

这句话适用于运动员，也同样适用于人生。

没错，思考是必不可少的。对于任何领导者、运动员或艺术家而言，专业知识都是非常重要的。但问题在于，不知不觉中，我们便思考过了头。我们的潜意识中那“狂野奔腾的碎念”一旦开启，留给训练提升（或其他任何事情）的空间就被完全占据了。我们负载过重，应接不暇，注意力涣散……而罪魁祸首，竟是我们自己的思想！

但如果我们能够腾出空间，像格林一样有意地清空大脑，那么洞见和突破就会随之而来。完美的挥棒会与棒球浑然一体。

关于“空”的理念，有这样一个美丽的悖论：

《道德经》指出：“埏埴以为器，当其无，有器之用；凿户牖以为室，当其无，有室之用。故有之以为利，无之以为用。”

在录制专辑《内心》时，歌手兼作曲家罗珊·凯什在录音棚走廊贴了一张简单的标语：“来此的人，抛弃诸念。”这并不是因为她希望和一群没有想法的人共事，而是因为她希望，包括自己在内的这张专辑的所有工作人员，都能潜入思维的表层之下。她希望大家都能活在当下，与音乐融为一体，不要迷失在大脑的杂念中。

试想，如果肯尼迪在古巴导弹危机期间为猪湾事件耿耿于怀；如果肖恩·格林因找不到状态而不顾一切地想要推翻自己的挥棒法，或是带着满心不安和绝望，心烦意乱地面对投手，后果一定不堪设想。对于此，我们每个人都有体验——“别搞砸，别搞砸，别忘事”，我们这样嘱咐自己，而结果呢？我们不想让自己做什么，却偏偏事与愿违！

在任何处境中，你所做的任何一件事，都首先要求你不要把自己打倒。不要让过度的思考、不必要的怀疑或无端的猜测把事情搞得更加复杂。

你两耳之间的空间是属于你自己的，你不仅要控制进入这个空间的信息，也必须要掌控这个空间中发生的事。你必须要保护这个空间，使之不受你自己思绪的影响。这靠的不是蛮力，而是一种温柔而执着的拂扫。去做那个示意吵闹的孩子安静下来的图书管理员，告诉那个打手机的混蛋，有话出去说。

这是因为，你的大脑是一片神圣而重要的土壤。

请保持清净。

慢下来，深度思考

我用看得见东西的眼睛审视眼前之物，用看不见东西的眼睛感知隐藏之道。

——艾丽丝·沃克[1]

在备受欢迎的儿童节目《罗杰斯先生的左邻右舍》的开场中，主持人并没有在第一个内景镜头中出现。在罗杰斯先生唱着那首关于如何做个好邻居的欢快歌曲出现在镜头中之前，观众首先看到的，是一盏黄灯闪烁的交通灯。

在三十多年的时间里，近一千期节目都以这个微妙的象征主义镜头作为开场。即使绝大多数观众没能捕捉到这个镜头的寓意，这个信息也在他们的心中埋下了种子。因为无论罗杰斯先生是在镜头前讲话，与木偶“国王星期五”在幻想街区玩耍，还是演唱他那标志性的歌曲，这档节目的几乎每一帧画面都在告诉大家：放慢速度，体谅他人，留心当下。

在宾夕法尼亚拉筹伯小学上学的时候，弗雷德·罗杰斯曾遭到恶毒的欺凌。他体型肥胖，为此自卑，同学们没少找他麻烦。这段体验虽然痛苦，但也激励他在公共电视行业做出了开创性的成绩。

---

① **艾丽丝·沃克**（1944— ）：美国黑人小说家、诗人，代表作《紫色》获得1983年普利策小说奖。——译者注

谈到童年时，他说：“我开始用一生的时间，来探索事物的本质，寻找我的邻居们的表面之下隐藏着什么样的特质。”他甚至把这个理念裱起来，挂在他在匹兹堡的工作室的墙上，这是他最喜欢的引文中的片段：*L'essentiel est invisible pour les yeux.* 意思是：本质的东西，用眼睛是看不见的。也就是说，外表是会误导人的，第一印象亦然。我们会被表象或他人意见干扰甚至欺骗，进而做出糟糕的选择，错失机会，或是惹来满心恐惧或沮丧，尤其是在我们不愿放慢脚步审视真相的时候。

想一想古巴导弹危机中处于另一方的赫鲁晓夫。他的不自量力是由什么因素导致的呢？对于对手勇气的错误评估，急于行动，对自己的行动会被世界各国怎样解读考虑不周。这是一次几乎致命的误判，就如绝大多数匆匆赶完的任务一样。

爱比克泰德曾说，哲学家的工作，就是对包括我们所见、所闻和所想在内的感知进行检验。他说，我们必须要控制自己的思想并加以检验，以确保自己没有被表象所迷惑，或是忽视了肉眼所看不见的本质。

没错，在斯多葛学派、佛教以及无数其他学派中，我们都能找到同样的类比：这世界就如一潭浑水，想要看穿，就要让杂质沉淀。我们不能被表象所干扰，如果能保持耐心，真相就会在我们面前展开。

罗杰斯先生也是这样教导孩子们的，让孩子们尽早养成这一重要的习惯。在许多集节目中，罗杰斯都会提出一个话题——比如自我价值、蜡笔的制作工序、离婚或是玩乐，然后为小观众们讲解事情的真相和意义。他似乎很自然地明白孩子们的大脑处理信息的方式，并能帮助他们扫除那些显而易见的困惑或恐惧。他传播了同理心和辩证的逻辑思维能力，也向观众们保证，只要和他一起耐心钻研，就能找到几乎任何问题的答案。

罗杰斯也将这一理念与成年人分享。他曾经给一位遇到麻烦的朋友写信说："安静下来，好好思考。这才是世界上最重要的事情。"

从表面上来看，这里存在自相矛盾之处。一方面，想要全然活在当下，就必须清空大脑。在过度思考的麻痹之下，我们是什么都做不好的。而从另一方面来说，想要真正有所觉知（或是想要避免落入让这么多人受害的恶性循环之中），唯一的道路就是深入观察、思考和学习。

实际上，这一点儿也不矛盾。生活，本来如此。

我们必须学会进行更深刻、更有针对性的思考，对重大问题如此，对复杂问题如此，在理解一个人、一件事或生活本身时，也要如此。

我们要用 99% 的人都不会使用的思维方式进行思考，也必须停止用 99% 的人 99% 的时候都在进行的有害思维处理问题。

对于那些轻率地将开悟等同于什么也不思考的观点，18 世纪的禅宗大师白隐慧鹤是极为反对的。与之相反，他希望自己的学生极力地思考。正因如此，他才会给学生布置那些令人费解的公案，比如："一只手拍掌，是何声音？""出生前，你的脸是何样貌？""狗子有佛性吗？"

这些问题是无法轻易解答的，它们的意义正在于此。学生们耐心而深入地思考这些问题，有时竟能用上几天、几周甚至几年的时间，如此一来，他们的大脑进入明澈的状态，让埋在深处的真相显露出来，由此走上开悟之路（就算没能彻底悟道，刻苦的尝试也能让他们变得更加强大）。

白隐慧鹤对学生们说："突然间，你的意念会出乎意料地变得专注，身体则渗出冷汗。在这一瞬间，一切都变得清晰起来。"形容此状态的词语便是"悟"——这是一种启发性的洞见，展露高深莫测的答案，让本质或实相变得昭然若揭、不可忽视。

这不正是我们每个人都急需的吗？

但是，没有人能一蹴而就地"开悟"。把注意力放在表面的事物上，或是抓着脑中蹦出的第一个念头不放的人，也无法悟道。想要看到真正重要的东西，就要好好观察；想要搞懂真正重要的事情，就要好好思考：想要捕捉到几乎所有人都察觉不到的东西，是需要下一番苦功的。

这不仅对你的工作和事业有益，还能帮助你找到内心的清净与平和。

弗雷德·罗杰斯还有另一个伟大的见解，时至今日，每当出现可怕的悲剧时，人们都会引用这句话。"永远都要寻找愿意提供帮助的人，"他对因看到新闻而恐惧沮丧的观众们解释道，"想要伸出援手的人永远都在……一旦遇到问题，这世界上满是愿意投身其中伸手相助的医生、护士、警察、消防员、志愿者、邻居以及朋友。"

千万不要把这误认成不负责任的保证。罗杰斯将母亲在童年时给自己的忠告牢记于心，从给别人带来痛苦、愤怒和恐惧的事件中，挖掘到了安慰和善意。除此之外，他还找到了传递这种信息的方式，在他离世后很长一段时间内还能让世界变得更加美好。

我们所感觉到的大部分痛苦，都是因为我们遇事会用直觉消极应对，而不是以认真严谨的考量作为行动的出发点。我们所犯的大部分错误，也出于同样的原因。我们对事情的幻影做出回应，我们将未经证实的臆想当作确凿的事实，我们不知停下脚步，不知戴上眼镜，真正去审视。

清空大脑之后，你要做的，就是慢下来思考。要做到认真思考，经常思考。

- 想一想你重视什么
- 想一想到底发生了什么
- 想一想是否有什么东西隐藏在表象之下
- 想一想棋盘的全局是什么样的
- 想一想生命的意义到底是什么

编舞大师崔拉·夏普给我们提供了一个练习：

独自一人在一间屋子里坐下，任由思绪蔓延，保持 1 分钟的时间。逐渐把这种机械的思维漫游增加到 10 分钟，然后开始关注你的思绪，看看是否会有某个词语或目标逐渐形成。如果没有，那就把这个练习增加到 11 分钟、12 分钟甚至 13 分钟……直到你脑海中浮现有趣的想法为止。在盖尔语中，表示这种状态的词语是

“不孤独的沉静”。

只要投入时间和精力，你不仅能得到有趣的想法（或是下一个创意作品的灵感），还将找到真理。你会找到其他人所忽视的东西，也会找到你所面临的问题的解决方案——无论这问题是理解苏联政府在古巴部署导弹的原因，还是如何让事业更进一步，或是如何从愚蠢的暴力行为中找到逻辑。

这些问题的答案，都必须在深处才能“钓”得到——钓鱼不就是要放慢脚步吗？不就是在放松的状态下对周围环境抱有高度觉知吗？不就是最终捕捉到潜伏在表面之下的猎物，然后收线将其拉上水面吗？

开始写日记

带一个记事本。旅行时带着，吃饭时带着，睡觉时也带着，将脑海中的任何零星思绪全都扔进去。

——杰克·伦敦[①]

在 13 岁生日时，一位名叫安妮·弗兰克的德国犹太难民，从父母那里收到了一本红白相间的“自传本”。虽然本子的纸页原是让朋友们签名和书写回忆的，但在商店橱窗里第一次看到它的时候，安妮就知道，她要用它来记日记。1942 年 6 月 12 日，安妮写下了第一篇日记：“希望我能向你倾吐一切，因为我以前从未向任何人如此吐露心声，也希望你能给我带来巨大的安慰和鼓舞。”

没有人能预料，她将会需要多大的安慰和鼓舞。第一篇日记的 24 天后，安妮和她的犹太家人便被迫躲在父亲位于阿姆斯特丹的仓库楼上逼仄的阁楼中。接下来的两年里，一家人就在这里栖身，希望逃过纳粹的搜捕。

安妮·弗兰克想要一本日记，其中的理由不难理解。她是个少年，虽然也曾孤单、害怕、无聊，但现在的她，却要和其他六个人一起关在一组狭小而憋闷的房间里。这境遇是如此让人难以承受，

---

① **杰克·伦敦**（1876—1916）：美国现实主义作家，代表作有《野性的呼唤》等。——译者注

如此不公又如此陌生。她需要有地方宣泄这些情绪。

根据父亲奥托的回忆，安妮并没有天天写日记，但在伤心沮丧或面对难题的时候，她总会在日记中记下来。在困惑和好奇时，她也会写日记。她将此作为一种疗愈的方式，以免将负面情绪宣泄在与她共患难的家人和同胞身上。她曾写道："纸张比人更有耐心。"这是她最精彩也最耐人寻味的一句话，这句话，一定是经历了非常难熬的一天后写出的。

安妮会用日记进行反思。"如果人们能在一日终了的时候回顾自己的言行和评判对错，那么他们会变得多么高尚和善良啊！在新的一日之始，他们便会自然而然地努力做得更好，也一定会取得巨大的成就。"她发现，写作能让她像个陌生人一样观察自己。在一个大多数青少年会因荷尔蒙而变得更加自私的年龄，她却常常通过回顾日记来挑战和提升自己的思想。即使是在死亡就潜伏在门口的环境下，她也依然努力让自己成为一个更优秀的人。

将从古至今坚持记日记的各种名人汇总起来，这名单不仅长得离谱，其多元化也让人惊叹。其中包括：奥斯卡·王尔德、苏珊·桑塔格、马可·奥勒留、维多利亚女王、约翰·昆西·亚当斯、拉尔夫·沃尔多·爱默生、弗吉尼亚·伍尔夫、琼·狄迪恩、肖恩·格林、玛丽·切斯纳特、布莱恩·科普曼、阿娜伊斯·宁、弗兰克·卡夫卡、马汀娜·那拉提诺娃以及本·富兰克林。

这些人都有记日记的习惯。

有的人早上记日记，有的人并不定时，有的人则像莱昂纳多·达·芬奇一样随时随地将日记本带在身上。二战之前，约翰·肯尼迪会在旅游时带上日记本，担任总统后，他则多在白宫信笺上记笔记或信手涂鸦（研究证明，这有助于提高注意力），以便整理和记录想法。

很明显，以上所列的人物很容易让人望而却步。但是，安妮·弗兰克记日记的时间是在她 13 岁到 15 岁之间。如果她都能做到，我们又有什么借口呢？

与安妮·弗兰克的习惯相似，斯多葛学派哲学家塞涅卡应该也是在夜间记日记和进行反思的。他告诉一位友人，在夜幕降临、妻子已经睡去的时候，“我会审视我的一整天，回顾我所做的事和所说的话，不对自己做任何隐瞒，也不忽视任何一个细节”。接着，他便会上床睡觉，他意识到，“自省之后的睡眠”是尤其酣畅的。时至今日，通过这些夜间日记，塞涅卡的每一位读者都能感觉到他对至静状态的追求。

法国哲学家福柯曾经讨论过古代的一种叫作“hupomnemata”的笔记，可以称为私人笔记，他将之称为“精神斗争的武器”，是一种修习哲学、清空脑中焦虑和愚昧、克服难题的途径。让脑中不停吠叫的狗安静下来，对逝去的一天做总结，为即将到来的一天做好准备。将你所听到的智慧之言记下来，好好去感受智慧通过你的指尖注入纸页的感觉。

这就是最好的日记应有的样子。这种日记不是为读者写的，而是为作者写的，目的在于让心慢下来，与自己和解。

写日记是一种提出难以回答的问题的方法，比如：我处于人生之路上的哪个阶段？我今天能朝人生大目标迈出的最小一步是什么？我为什么会对某件事如此耿耿于怀？现在的我有哪些值得感恩的事？我为什么这么想给人留下好印象？我在逃避的那个更难面对的抉择是什么？我是在主宰我的恐惧，还是被恐惧主宰？今天遇到的困难，能够显露出我的哪些个性？[①]

有许多人会以亲身经历为写日记的好处打包票，除此之外，相关研究证据也很确凿。根据其中一项调查，写日记对经历过创伤和高压事件的人的身心健康有助益。一份亚利桑那大学的研究表明，离婚者如果能够将自己的经历记录下来，就能更好地恢复和继续前进。坚持写日记也是心理学家常给的建议，因为这能帮助人们停止对他人与事物的痴迷，也能让人们理解令自己感到困惑的信息——无论这种信息来自情感、外部环境还是心理因素。

写日记的真正意义也在于此。我们不再将包袱搁在脑中或心里，而是将其付诸笔端。我们不再任由奔涌的思绪横冲直撞，也不再对未经周密思考的推论不加质疑，而是强迫自己将其记录下来，加以检视。将自己的思想记录在纸上，这能帮助你站在一定距离审视它，也能提供在大脑被焦虑、恐惧、绝望充斥时往往匮乏的客观视角。

什么才是开始记日记的最好方法？一天当中有最适合写日记的时段吗？应该花多长时间写日记呢？

实际上，为何写日记，比如何写日记更重要：写日记就是为了将心里的话倾诉出来，为了与你的想法静静相处，为了让这些想

① 如果你想找一本包含提示的日记，那就去看看 Portfolio 出版社的《每日修行日记本》。

法更加明晰，为了将有害的想法与有益的洞见区别开来。

没有所谓正确或错误的方式。行动起来，这才是重点。

如果你曾经有过写日记的习惯但中途放弃，那就重新开始吧。偶尔跟不上节奏是正常的，重点在于重新把时间腾出来，今天就做。把斯多葛学派视为“抚慰心灵的宗教”的法国画家欧根·德拉克洛瓦，也与我们有着相同的困扰：

> 暂停一段时间后，我开始重拾写日记的习惯。我觉得，写日记或许是一种能够缓解长时间困扰我的焦虑感的方式。

没错！

这就是写日记的意义所在。就像作家朱莉亚·卡梅隆曾描述的，“写日记就像精神的雨刷。这几分钟的自省不仅需要平静，也能创造平静。这是一段暂时与世隔绝的小憩，是对即将到来的一天制订的计划，是应对过去几小时中的烦恼的办法，能够刺激你的才思，让你放松心绪，放空大脑”。

无论是一天一次、两次，还是三次，这都不重要。找到适合你的节奏。

我想告诉你的是，这将是你一天中所做的最重要的一件事。

制造宁静

一切伟大的事物以及情感，都是在宁静中诞生的，也是在宁静的伴随下出现的……宁静，是整个宇宙的圣典。

——赫尔曼·梅尔维尔[①]

从很小的时候开始，作曲家约翰·凯奇就对宁静产生了迷恋。1928年，在参加洛杉矶高中的一次演讲比赛时，他曾尝试说服同学和评委，美国应该推行“全国静语日”。他告诉观众，通过观察宁静，我们才能“真正听到别人在想什么”。

这件事开启了凯奇穷其一生的探索和实验，他开始寻找宁静的意义，挖掘这种刻意的宁静给我们带来的倾听的机会。

高中毕业后，凯奇浪迹天涯。他漫游欧洲，学习绘画，教授音乐，创作古典乐曲，是一位满怀热情的观察者。他1915年出生在加州，所以仍记得社会商业化之前生活的样貌。随着现代化的到来，所有的产业和工作都因科技而改头换面，他意识到，这个世界开始变得嘈杂。

“无论身在何处，我们听到的大多数声音都是噪声，”他说，“想要忽略这噪声的时候，我们会被干扰，如果去倾听它，就会沉

---

① **赫尔曼·梅尔维尔**（1819—1891）：美国小说家、散文家、诗人，代表作《白鲸》。——译者注

迷其中。”

对于凯奇来说，宁静不一定是没有任何声音。他热爱卡车以每小时 80 千米的速度行驶的声音，热爱收音机的静态电流声，热爱扬声器的嗡鸣声，也热爱水与水接触时所发出的声音。而他最喜欢的，还是那些在嘈杂的生活中缺失或被掩盖的声音。

1951 年，他参观了一间吸波暗室，这是当时世界上最先进的隔音室。即便在暗室中，他那高度敏感的耳朵仍能听见声音。他发现了两种声音，一高一低。事后与工程师交谈时，他才吃惊地了解到，这两种声音其实来自他自己的神经系统和血流。

类似于此的安静，有多少人能有幸体验呢？将周围的噪声和谈话声降低到能让你听到自己生命之音的程度，你相信吗？如果有如此的宁静，你该怎样去加以利用啊！

凯奇最为知名的作品《4 分 33 秒》原本定名为《宁静的祈祷》，这部作品就是他因反对不必要的噪声而受到启发后创作的。凯奇想要创作一部与当时的流行音乐一样的作品——时长相同，与所有其他音乐一样现场“演奏”并通过收音机播出；唯一的不同在于，《4 分 33 秒》将会是一部“不间断的无声作品”。

一些人将这看成一个荒诞的玩笑，是对何为音乐的一次杜尚[①]式的恶搞。从某种意义上说，这确实是一次恶搞。（凯奇觉得，将这首“歌”卖给穆扎克公司在电梯里当背景音乐播放肯定很有趣。）但是，这部作品的灵感也源于他对禅宗哲学的毕生研习，这是一种

① **马塞尔·杜尚**（1887—1968）：法国艺术家。有人称他是严谨认真的艺术家，是 20 世纪实验艺术的先锋，也有人认为他是高雅艺术的嘲弄者。——译者注

在空虚之中寻得盈满的哲学。这部作品的演奏说明本身就是一种美丽的自相矛盾："在将声音最大限度放大的环境中，小心谨慎地进行演奏。"

实际上，《4 分 33 秒》的意义绝非追求完全的安静，而是探讨停止增加噪声后会发生什么。它由钢琴家大卫·图德在纽约的伍德斯托克音乐节上首演[①]。凯奇在谈到这部作品的首场演出时说："所谓的安静是不存在的。人们所认为的安静，实际上充斥着间或出现的声音，之所以有误解，是因为他们不懂得如何倾听。第一乐章中，可以听到外面起风的声音；第二乐章中，可以听到雨点滴滴答答打在屋顶上的声音；第三乐章中，可以听到人们在谈话或走出房间时发出的各种有趣的声音。"

哲学家芝诺认为，我们之所以被赐予两只耳朵和一张嘴，是有原因的——静下心来倾听到的东西，能够改变你的世界。

我们生活的一大部分都被噪声所掌控。戴上耳机（或是让我们能够更清楚地听到噪声的降噪耳机），打开屏幕，电话频响。在一架时速966千米的波音747客机上，满是对宁静避之不及的乘客，他们宁愿重复收看劣质影片，或是收听某个恶俗明星的空洞无味的访谈，也不愿意停下来感受周围发生的一切。他们宁愿关闭大脑，也不愿静静坐着，把大脑调动起来。

苏格兰哲学家托马斯·卡莱尔曾说："思考只有在宁静中才能进行。"如果想要更好地思考，我们就必须抓紧这些安静时刻。如

---

① 2015 年，一档深夜谈话节目还录制了一个由猫咪演奏的版本。

果想获得更多的启示（更多洞见、突破或重大创见），就必须为此创造出更大的空间。我们要远离噪声的干扰和刺激所带来的短暂安慰，开始用心倾听。

在赫尔辛基市中心，有一座名叫康比教堂的小型建筑。严格来讲，这并不是一处用于祈祷的场所，但它却与任何一座天主教堂一样安静。实际上，由于没有回声，康比教堂更加宁静。这里没有管风琴，没有嘎吱作响的大门。其实，这是一座静默教堂，对繁忙都市中所有想要体验宁静的灵性一刻的人们开放。

走进教堂，四周只有宁静。

这是美好而神圣的宁静，让你能真正开始学会侧耳倾听的宁静。

几十年来，兰德尔·施图特曼一直是众多华尔街最重要的首席执行官和领导者的幕后咨询人，他曾对几百名大公司高管在闲暇时的充电方式做了研究。他们的充电方式包括航行、长距离骑行、聆听古典音乐、水肺潜水、骑摩托车，以及飞钓。他发现，所有这些活动都有一个共同点：隔除噪声。

这些人都有着繁忙且需要协作完成的工作。在一天的时间里，他们要做出无数个高风险的决策。但在某几个小时中，他们远离杂音，远离那些滔滔不绝的人，全神贯注地进行思考（或是什么也不想），如此一来，他们才能补充精力，寻回宁静。即使身体在动，头脑也能安然不动。他们终于听得真真切切——即使是在奔涌的河流声或维瓦尔第的音乐中。

我们每个人都需要在生活中建立这样的时刻：限制信息输入，

将音量关小，以便更深刻地觉知周围发生的事情。闭上嘴——即便只有短暂一刻，我们才能听到这个世界一直想要对我们倾诉的话语，或是想要告诉自己的悄悄话。

宁静的来之不易，就是其价值的标志。珍惜你的静谧时光吧。

宁静能够教会我们很多，不要惧怕宁静，去寻找它吧。

手表指针的嘀嗒声正在告诉你，时间流逝，一去不返。请用心聆听。

习得智慧

沉着冷静的智慧，价值堪比一切。

——德谟克利特

在公元前426年的希腊，德尔菲的女祭司回答了一位雅典市民向她提出的问题：是否有比苏格拉底更有智慧的人？

她的回答是：没有。

苏格拉底或许是最有智慧的人，这样的看法出人意料，尤其是对他本人来说。

与传统意义上见识广博的智者和自称通晓天下的自命不凡之人不同，苏格拉底对自己的智慧抱有谦逊的态度。不仅如此，他一辈子的大部分时间都在由衷地宣称自己缺乏智慧。

然而，苏格拉底之所以伟大，之所以被当作千百年来的智慧典范，秘诀也正在于此。苏格拉底逝世六百年后，第欧根尼写道：苏格拉底如此睿智的原因在于，“除了自己的无知，他别无所知”。更值得一提的是，他不仅能认识到自己知识的局限，在自己被证明是错误的时候也一向能欣然接受。

的确，我们当今所称的苏格拉底反诘法，就来自他四处提问的习惯，这是他确有的习惯，也是个常常惹人厌烦的习惯。他会不停地追问别人的看法："你为什么会这样想？你是怎么知道的？你有什么证据吗？这样或那样想行不行？"

这种对真理和智慧虚心而开放的探索，使得苏格拉底成为雅典最杰出也最有争议的人，以至于人们后来因此将他戕害。

所有的哲学门派都在弘扬智慧的不可或缺。"智慧"一词在希伯来语中是"המכח"（读音：chokmâh），在伊斯兰文化中是"ḥikma"，这两种文化都认为，上帝是智慧取之不尽的源泉。智慧在希腊语中是"sophia"，到了拉丁文中就变成了"sapientia"（这也是人类被叫作"homo sapiens"，即"智人"的原因）。伊壁鸠鲁学派和斯多葛学派都将"sophia"奉为核心信条。在他们看来，智慧是通过经验和学习获得的。耶稣曾教导他的信众像蛇一样睿智，像鸽子一样温驯，《箴言》将获取智慧奉为"人所能做的至高无上之事"。

佛教徒将智慧称为"prajñā"，并认为智慧代表的是对实相的认知。孔子和他的弟子经常会谈到智慧的培养，说培养智慧与工匠磨炼技艺的方法一样：都要投入时间。荀子的表达方式更加直接："学不可以已……君子博学而日参省乎己，则知明而行无过矣。"

每个学派都对智慧抱有自己的见解，但它们都有相同的主题：提问的必要性，学习和反思的必要性，在思想上保持谦逊的重要性，以及各种经历（尤指失败与失误）帮助我们打开眼界、认识真理和理解的力量。如此说来，智慧其实是对全局的觉知，是经验的积累，也是一种能力，让我们超越那些不愿动脑之人落入的偏见和陷阱。

能够坐在这里阅读此书，本身就是通往智慧的旅程中的重要一步，但不要止步于此——这本书仅仅是一本介绍经典思考方法和历史的入门书。托尔斯泰曾经这样表达他对不经常和不深刻读书之人的愤怒："我无法理解，这些不与地球上生活过的最睿智之人沟通的人，是怎么活下去的。"还有一句更加一针见血的话，现在却已成了一种普遍现象："不愿读书之人，与那些没有能力读书之人相比毫无优势。"

带着自负之心或是为了证明既有的观点去读书，是无甚益处的。第一次世界大战后，希特勒在短暂的服刑期间阅读了历史经典。从这几千页的书籍中，他并没有学到任何知识，用他的话说，他只是"认识到了我的观点的正确性"而已。

这不是智慧，也称不上愚蠢，而是癫狂。

另外，我们也必须要寻找能够在旅途中为我们提供指导的良师益友。比如说，芝诺还是一名成功商人的时候，曾在一家书店里首次听人朗读了苏格拉底的教义，并由此建立了斯多葛学派。但仅仅这样是不够的。芝诺接下来的行为，才是让他踏上通往智慧之路的原因。他走向那位朗读者，问道："这样的人，我在哪里才能找到呢？"在佛教中，有所谓"pabbajja"（剃度出家）的习俗，这个词意指"往前走"，标志着一个人学习之路的正式开始。这也是芝诺所做的事情：回应召唤，向前探索。

芝诺的老师是一位名叫克拉特斯的哲学家，他不仅给芝诺许多阅读的材料，也如所有伟大导师一样帮助他解决个人的问题。在克拉特斯的帮助下，曾经非常在意别人对自己看法的芝诺克服了恐惧。有一次，克拉特斯往芝诺身上浇了一碗汤，并让他意识到，不但很少有人在意，甚至有很多人根本没有发现。

佛陀的第一位导师是一位名叫阿罗陀迦兰的苦行僧，他为佛陀打下了禅定的基础。从阿罗陀迦兰身上学到了所能学习的一切后，佛陀又拜了优陀伽为师。优陀伽也是一位出色的老师，在随他学习期间，佛陀开始意识到现有学派的局限性，并打算自立门户。

如果连芝诺和佛陀都需要导师才能进步，那我们也一定需要帮助。拥有承认这个事实的能力，更是睿智的明证！

去寻找那些你所敬仰的人，问他们是如何达到这个境界的，让他们推荐几本书给你。这不就是苏格拉底会采取的措施吗？在此基础上，积累经验，多做尝试。让自己置身于困境之中，接受挑战，让自己去熟悉那些陌生的领域，这就是你扩大视野和增强理解能力的途径。智者之所以能够安然不动，是因为他们已经看过一切。他们对未来心里有数，这是因为他们已经经历过许多，他们犯过错误并从中汲取了教训，而你，也必须如此。

努力解决大问题，认真思考大创见。你的大脑是需要锻炼的，那就把它调动起来。施加阻力，制造难题，努力训练，让大脑变得更强。

不要误以为追求智慧的道路上满是梦幻和阳光。智慧并不会马上创造出宁静或清净。恰恰相反，智慧有可能让事物变得更加模糊——就如黎明前的黑暗一般。

不要忘了，苏格拉底选择了诚实面对自己所不知的东西。这是很难做到的。击碎幻象是件痛苦的事，意识到自己没有想象中聪明，会让我们变得更加谦卑。

孜孜不倦的学生会不可避免地发现某些令人不安或挑战常理的观念——无论是关于这个世界的，还是关于他们自身的。这怎能不让人惶恐呢?

借用赫鲁晓夫的类比，即便如此，也要好过像瞎眼的鼹鼠一样横冲直撞（或是彼此相撞）地过完一生。

我们要带着困惑静坐冥思。我们要品味它，跟随它，让它指引我们到达目的地。

这是因为真理就在困惑的另一头。

要自信，不要自负

不要让你的自负与你的地位扯上太多关系，地位一旦动摇，你的自负也将无处立足。

——科林·鲍威尔[①]

公元前 1 000 年的以拉谷，以色列和腓力斯的人民深陷于一场可怕的持久战中。这场战争打得没完没了，直到身材高大的歌利亚巨人提出了一个结束两军僵局的大胆挑战，他喊道："我将在今天向以色列的军队提出挑战！你们找一个人出来，让我们决斗吧！"

整整四十天过去了，没有任何一个士兵敢站出来，就连以色列的国王扫罗也不敢妄动。如果说歌利亚是受自负和傲慢的驱使，那么以色列军队便是被恐惧和疑惑缚住了手脚。

然而，年轻的大卫出现了，这位牧羊人恰好来拜访三位随军出征的哥哥。与整支因恐惧而畏缩的以色列军队不同，听到了歌利亚提出的挑战的他，相信自己能够战胜歌利亚。

这个人是不是疯了？他怎会认为自己能打败如此高大的对手呢？

大卫对国王说："当一头狮子或熊从羊群里抓走一只羊的时

---

① **科林·鲍威尔**（1937—　）：美国第 65 任国务卿，美国历史上首位非裔国务卿。——译者注

候，我会追在这野兽身后攻击它，将羊从它口中救下。野兽若是转而袭击我，我就会抓住它的皮毛，攻击它，将它杀死。您的仆人曾杀过狮子和熊，而这个腓力斯人，也将像那些野兽一样。”

大卫的自信来自经验，而非自负。他经历过艰难险阻，靠自己的双手渡过了难关。

大卫明白自己的强项，也知道自己的弱点。“我不能穿戴着这些上战场，”他在试穿了士兵的铠甲后说，“因为我不习惯。”他已做好准备，要带着真正的自我认知（当然还有他的信念）走上战场。

歌利亚是如何面对这位个头矮小的挑战者的呢？就像一个典型的霸凌者一样，他大笑起来：“难道我是条狗吗？你们竟拿一根棒子来打我！”歌利亚咆哮着说：“过来吧，我要用你的肉喂鸟儿和野兽！”

而这种自负只是逞一时之勇。

大卫全速向歌利亚冲去，一手拿着投石带，一手拿着河边捡来的几块石头。在这短短几秒内，歌利亚一定看到了大卫眼中的自信，并第一次感受到了恐惧的滋味——还没来得及采取任何行动，他就已经命丧黄泉。他被大卫用投石带精准掷出的石头打倒，他的头颅被自己的剑割下。

这两位战士的故事或许是真事，或许是杜撰。但时至今日，这仍是一篇关于自负的危害、谦虚的意义和自信的必要的最为精彩的故事。

世界上或许没有比自大狂更加心浮气躁的人了，他们的脑中充斥着自恋和不安的瘴气，往往贪多嚼不烂，四处挑起争端，到处制造敌人，还不会从错误中吸取教训（因为他们不觉得自己会犯任何错误）。跟他们扯上关系的一切都是那么复杂，万事万物都要以他们为中心。

对于被自负之心驱使的人而言，生活是孤单的，也是痛苦的。喝得酩酊大醉的亚历山大大帝，因一次愚蠢的争吵而与挚友交战并将其杀害，他心里除了下一次征战之外什么也装不下。为一些项目欣喜若狂（但最终必然会将它们亲手毁掉）的霍华德·休斯①，却只能被困在自己的别墅里。

没错，这些人都很成功，但是，你愿意和他们交换人生吗？

这种害人不浅的自负还有一个不那么狂妄专横的邪恶双胞胎，即“冒充者综合征”。

这是一种难以摆脱、无休无止的焦虑，它会让你觉得自己没有资格做现在所做的事情，别人很快就会发现你只是在滥竽充数。在刻画这种感觉时，莎士比亚描写了一个小偷，身穿一件明显太大的偷来的袍子。作家弗兰茨·卡夫卡（他的父亲盛气凌人、吹毛求疵）将冒充者综合征比作一个银行职员做假账时的心情，一边疯了似的想要继续推进，一边又生怕被人发现。

当然，这种不安全感几乎全是我们的头脑杜撰出来的。别人才不会总关注你呢，他们还有自己的问题要操心。

而简单纯粹的自信，不是好过自负和冒充者综合征这两个极

① **霍华德·休斯**（1905—1976）：美国企业家、飞行员、电影制片人、导演、演员。晚年生活方式出现很大转变，过着与世隔绝的生活，饱受强迫症折磨。——译者注

端吗？这自信是挣得的，是理性的、客观的，也是沉静的。

格兰特将军有一位自以为是、自吹自擂的父亲，总是陷于阴谋或丑闻中。格兰特知道，自己不愿成为这样的人。为此，他培养了一种冷静而镇定的自信，与母亲静默而坚强的性格非常相像，这就是他伟大人格的源泉。

美国内战之前，格兰特经历了一连串的挫折和经济上的困难。他落魄地回到圣路易斯，开始靠卖柴火谋生——对于一位西点军校的毕业生而言，这无异于重重跌了一跤。一位军校同学碰到了他，大吃一惊地问道："天呀！你在这儿干什么呢？"格兰特的回答非常简单："我在解决贫穷的问题呢。"

这是一个自信之人的答案，一个即使身处困境也泰然自若的人的答案。格兰特虽不会自愿选择这种处境，但也不允许这种处境影响他的自我认知。再说了，他的全副精力都花在解决自己能够解决的问题上。为什么要因赚钱糊口而怨恨自己？这有什么可引以为耻的？

旁观者常常会讨论格兰特在战争中不可动摇的自信。当其他将军确信失败已经近在咫尺的时候，格兰特却从不屈服。他知道，自己需要做的，就是坚持到底。他也知道，失去希望或冷静是于事无补的。

带着同样的冷静，面对日后的成功和权力，无论是统率一支强大的军队还是在八年总统任期内，格兰特仍然宠辱不惊。（查尔斯·达纳曾表示，格兰特是一位"不装模作样的英雄，没有失败能让他垂头丧气，也没有成功能让他喜不自胜"。）总统任期之后，格兰特参观了他和妻子在艰苦时期曾经住过的老木屋。他的一位助手向他指出，从这幢木屋到总统宝座，他的人生就像一部描绘从贫到富的史诗。格兰特耸耸肩，说："好吧，我从来没有这样想过。"

这也是一种自信。自信不需要沉溺于夸赞或荣誉，因为自信本身就是对自身优缺点的清楚认识，指引我们踏上通往平静内心和清净头脑的光荣之路。

自信之人知道重要的事情是什么。他们知道何时该忽略别人的观点，他们不会为上位而吹嘘或撒谎（事后又无法兑现诺言）。自信是一种自由，允许你设立属于自己的标准，也让你从证明自我价值的镣铐中解脱出来。自信之人不会惧怕异议，也不会将变化（也就是用正确的观念代替错误的观念）看作承认自己低人一等。

从另一方面来说，自负之心会因疑惑而不安，会因傲慢而激化，也会因自我吹嘘和伪装而暴露无遗。但是，自负之心从不会扪心自问，也不允许别人来探究——因为它知道这样做会挖掘出什么。

然而，自信的人却心态开放，善于自省，且能拨开迷雾，审视自己。这将不必要的冲突、疑虑、怨念扫除，为至静之心创造了空间。

那么你呢？你在这个光谱上处于什么位置呢？

生活中难免有挫折。在尝试学习新技能或探索新领域时，即便是大师或天才，也会经历一段力不从心的时期。而自信，便决定了这到底会成为怨恨的源泉还是愉快的挑战。如果遇到不顺心就怨天尤人，如果即便在顺风顺水时也因疑惑和不安而自寻烦恼，那么人生就与地狱无异。

当然，所谓完全的自信或无处不在的自信是不存在的。我们会犹豫，会有疑虑，也会面对充满不确定性的新形势。但即便如此，我们仍要在混乱之中进行探索，寻找其平静自信的内核。这就是肯尼迪在古巴导弹危机期间所做的事，在此之前，他也经历过困境，比如他的鱼雷快艇就曾在太平洋沉没，一切仿佛都功亏一篑。他通过这件事认识到，恐惧解决不了任何问题，而鲁莽的行动也几乎无法带来救赎。他还认识到，只要保持头脑清醒，他就能依靠自己渡过难关。在遭遇危机之初，他就告诉自己，无论发生什么，反正是不会有人把他的应对措施写成一本《十月炮火》[①]的。这是他能够掌控的因素，于是，在这一点上，他找到了自信。

关键就在于此。自负之人以及自卑之人都会让自己的缺点成为其身份的核心——有的人对缺点加以掩饰，有的人对缺点耿耿于怀，有的人则将缺点表露无遗。对于他们而言，宁静是遥不可及的，因为宁静只能在力量中扎根。

这就是我们需要关注的重点。

不要助长不安全感，也不要助长虚荣的幻象，二者都是阻碍宁静的绊脚石。

自信起来，因为你值得。

---

① **《十月炮火》**：《八月炮火》一书中的八月指的是 1914 年 8 月第一次世界大战的开启，通过剖析战中各国领导人的错误决策，让战略专家、军事将领、政治人物与意见领袖从一战爆发的荒谬与愚蠢中汲取经验与教训。而古巴导弹危机发生于 1962 年的 10 月，因此《十月炮火》是对《八月炮火》书名的借鉴。——译者注

学会放手

> 为报酬而做的工作，要比带着瑜伽智识所做的工作低等许多。全心全意投入工作，绝不要紧盯报酬。不要为报酬而工作，但也永远不要停止你的工作。
>
> ——《薄伽梵歌》

伟大的箭术大师阿波研造并没有专注于教授如何在技术上掌握箭术，他几乎没有花任何时间指导学生如何刻意瞄准和射箭，而只是告诉他们，只需拉弓，待箭如“熟透了的水果般从你手上脱落”便可以了。

与之相比，他更喜欢教授学生一项重要的心理技能：超脱。阿波研造曾经告诉学生奥根·赫利格尔：“妨碍你的，是你用心太切。”正是这用心太切——也就是想要对我们所参与的一切事物的时机和过程加以掌控的欲望，抑制了赫利格尔的学习进程，也让他难以真正掌握这门苦心追求的艺术。

阿波研造想让学生做的，是将射中目标的想法从脑中剔除。他甚至希望学生能够放弃对结果的执念。他说：“射中箭靶只不过是外在的证明，表现了你无求的最高境界，或者说是你的无我、你的自我舍弃，无论你怎么称呼这种状态都行。”

这种状态，便是至静。

但是，超脱和无目的听起来并不像是能带来成绩的心态，不是吗？而这，正是阿波研造想要让学生置身的境地。与我们一样，他的绝大多数学生也希望能得到别人的指导和演示。而把事情放在心上，也是我们应有的态度。用心，本应是个优点。当我们还是想在学校里出类拔萃的学生时，用心就给我们带来过甜头。不用心，如何能够进步呢？不用心，怎么能射中靶心呢？

好吧，我们退一步看这个问题。

你有没有发现，越是想要得到某样东西或某种结果，反而越难达到？高尔夫和箭术这样的体育项目，就是绝佳的例证。当你想要使劲击球的时候，却偏偏会把球打偏。想要抬头看球的走向时，你却不小心猛拉球杆，把球切进了树林中。把精力花在瞄准靶心上——尤其是从一开始就这样做，你就没有精力花在调整姿势上。如果对射箭的技巧过于在意，那你就无法放松下来，使动作流畅。正如当代的狙击手所说的："放慢即流畅，流畅即迅速。"

如此说来，至静其实就是一种实现卓越表现的途径。无论是掌握某种方法还是达到某个特定的结果，比起紧握不放，放松能让你更好地掌控。

很显然，一位阿波研造这样的箭术大师自然能认识到，从 20 世纪初期起，他所教授的技法就已经不再关乎生死了，没有人需要为生存而学会如何射箭。但是，掌握箭术所需的其他技能对我们来说仍然是不可或缺的：专注、耐心、呼吸、坚持，以及头脑清醒。其中最重要的，是放手的能力。

无论是在生活、艺术还是运动中，我们都要学会放松、灵活，进入没有任何东西能够妨碍我们的状态——其中也包括我们对特定结果所持的执念。一个演员不能凭思考而成为所扮演的角色，他必须要放松，抛弃技巧，进入角色之中。企业家也不能在大街上刻意地寻找机遇——他们需要放开心态，以便发现身边的小事。对于喜剧演员或者想培养出好孩子的父母而言，也是如此。

阿波研造写道："人人都想自然地射箭，但是几乎所有的练习者都带有某种策略，都会在射箭时依靠某种浅薄的、人造的、精于算计的伎俩。"

这句话听上去或许自相矛盾，但想要掌控我们的心理领域，我们就必须远离"掌控"一词的严格意义。如果能将注意力放在每一步上，如果能沉浸在过程之中，不再追寻外在目的，那么，我们就能获得至静。不再苦苦思索，思路反而会更加清晰。

箭术、瑜伽、化学的绝大多数学生，在学习时都带着很强的目的性。他们专注于结果，想要得到最好的成绩或最高的分数。他们带着之前积累的"经验"，想要省略不必要的步骤，直接跳到有意思的部分。因此，这些人不但难以教导，而且当过程比他们想象中困难时，他们也很容易泄气。他们并未活在当下，并未以开放的心态接受不同的体验，因此也无法成长。

在阿波研造的学校里，学生们要彻底交出自己，剔除瞄准目标的想法，并花上几个月的时间朝着面前几米处的干草捆射箭，如此之后，他才会最终宣布："我们的新练习，是朝着目标射箭。"但即便学生射中了目标，阿波研造也不会对其大加赞赏。

不但不加赞赏，在学生射中靶心后，阿波研造还会命令他们"就像什么也没发生一样继续练习"。在学生没有射中时，他也会说同样的话。当学生向他讨要额外的指导时，他的回答却是："别问问题，只管练习！"

阿波研造想让学生沉浸于过程之中。他想让他们放弃对箭术"应有的样子"的定义。他是在要求学生安于当下，放空心思，打开心态——这样，才能真正地学习。

在印度教、佛教、锡克教、耆那教中，莲花都是一个强大的象征。虽然莲花从池塘或河流的淤泥中向上生长，但它并不直入云霄，而是自由安然地在水面上漂动。据说，无论佛陀走到哪里，他留下的脚印都是朵朵莲花。从一定角度来说，莲花也象征着放手。莲花美丽高洁，但也朴实可得；莲花活在尘世，同时也超脱尘世。

这就是我们想要达到的平衡。无论是认可、财富，还是权势，如果我们追逐生活中的奖励，就会错失目标。如果我们像阿波研造的学生那样对目标紧盯不放，就会忽略过程以及命中目标所需的技艺。只管练习，避免用心太切，这才是我们应该做的。

距离大师境界越近，我们就越发不在乎非要得到一定的结果。越善于协作和创造，就越是难以容忍自负之心和自我怀疑。越是心态平和，我们做事就越有效率。

最棘手的问题，只能通过平静之心来解决。最困难的目标，只有放下对结果的执着才能实现。

继续前进

> 如果大脑训练有素，那么心灵就能迅速从畏惧转至热爱。
>
> ——约翰·凯奇

我们每个人都要为实现目标而付出巨大的努力，因此，我们不能任由自己因新闻或人群的杂音而分心。我们所探索的洞见往往被隐藏在深处，很少会浮于表面，想要找到这些洞见，我们就必须能够进行深刻探索，去发现别人发现不了的信息。

我们要屏蔽杂音，专注于本质，与当下共处，潜心写日记，清空大脑。

借用马可·奥勒留的话，我们应“对每一件烦心事和每一个干扰都不以为意，把它们遗忘得一干二净，从而达到全然的宁静”；应该搭建一座思想的墓室或堡垒，让任何干扰或假象都无法入侵。当我们进入这种状态，就会发现自己拥有了以往不敢想象的能力：表现卓越，思维清晰，心情畅快。

然而，这样的宁静却往往如昙花一现。这是为什么呢？

因为，这样的宁静会被来自别处的干扰所破坏，这不仅包括周围环境中可预见的干扰，还包括我们自己的精神和肉体的干扰。

老子曾说：“人心好静，而欲牵之。”[1]我们就像玛丽娜·阿布拉莫维奇的表演中的观众。一时间活在当下，进入至静，但马上又回到都市之中，回到老习惯之中，再次被无数的欲望和陋习所牵制，仿佛活在当下的体验从未发生过。

我们所追寻的，并不是昙花一现的宁静。我们想要的，是即使在最艰难的境遇中也能调动起来的持久的专注和智慧。想达到这种境界，我们就必须付出更多的努力。这需要我们更加全面地审视自己，不仅要治好表征，还要去除病根。

这本书的理论基础是，我们的思想、精神、身体三个范畴必须要和谐一致，但实际上对于绝大多数人来说，这些领域不但不同步，反而向彼此开战。如果马丁·路德·金所说的“心中的内战”不停，我们就永远也无法获得安宁。

历史告诉我们，安宁为建设提供了机会。战后的安宁能使一个国家发展为强国，让普通人成长为强者。

因此，我们必须继续前进，去迎接下一场战争，为灵魂之域带来抚慰，让我们的内心、情感、动机以及热情变得更加纯粹。

① 出自《清静经》。——译者注

第二部分

精神

如果身体变得麻木，我们中的绝大多数人都会惊慌失措，也会不遗余力地加以避免。然而，我们却对灵魂的麻木无动于衷。

——爱比克泰德

探索精神之域

回头来看，这是高尔夫球史上最激动人心的一刻，甚至可能是人类体育史上最激动人心的一刻。2008 年 6 月，在圣迭戈北部不远的多利松举行的美国高尔夫球公开赛上，泰格 · 伍兹以小鸟球[①]将最后一球打入球洞，让比赛进入十八洞加时赛。他先是领先三杆，接着暂时落后，之后卷土重来，打出一记小鸟球，使时年 46 岁的洛克 · 梅迪亚特不得不与他进行一场一球定胜负的正面对决。在这 466 米的四杆洞球场上，泰格 · 伍兹打出一记小鸟球，第三次摘取美国公开赛冠军头衔，第十四次斩获美国高尔夫球界四大锦标赛桂冠，成为高尔夫球历史上赢取四大锦标赛桂冠第二多的人。

不得不提的是，伍兹带着前交叉韧带拉伤和腿部的两处损伤在如此风云变幻的比赛中获胜，这不仅是前无古人的成绩，也很可能后无来者。若说这是一场凭决心和坚持取得的胜利，似乎对伍兹

---

① **小鸟球**：高尔夫球基本术语，指击球杆数低于标准杆数一杆。——译者注

的精彩表现太过轻描淡写，因为他赢得如此泰然自若，甚至没有让任何一个观众察觉到他的伤势之重。

伍兹本人只是知道自己的腿部拉伤，但完全不知道他的膝盖已经几乎报废。然而，凭借超人般的心理和身体控制力，他神奇地超越了复杂而考验人的高尔夫球比赛施加给他的所有压力，只是偶尔一露痛苦的表情。

我们可以将这一时刻称为伍兹职业生涯中的“高水位线”。比赛后，他请了 6 个月的假，作为紧急膝盖手术的休整。不久后，他的情人瑞秋·乌琪泰儿与他在澳大利亚同处酒店的事情曝光，顷刻之间，他的隐私也被公之于众。

当他的妻子质问此事时，伍兹本想撒谎了事，但是他的谎言已失去了效力。不到几分钟，伍兹就躺在了邻居家的车道上，他的车撞在旁边的消防栓上，后窗被高尔夫球棒击碎。此时的伍兹失去了知觉，妻子在旁边泣不成声，一时间，他是如此平静，这或许是他从孩童时起就再也没有体验过的。

然而，这样的平静并没有持续很久。

小报上的爆炸性新闻噩梦般接踵而来——伍兹连续 21 次登上《纽约邮报》的封面。短信往来，与艳星和帕金斯餐厅女服务员的情史，在教堂停车场的疯狂做爱，以至与亲友 21 岁的女儿的罗曼史，全都被公之于众。性瘾康复所的入院治疗，赞助商的解约，以及支付了 1 亿美元分手费的离婚——这一切几乎让他崩溃，这的确足以击溃任何人。

在接下来的十年里，伍兹再也没有赢过一次高尔夫重大赛事。

在谈论人性时，一行禅师说：“大海的表面平静无波，但水面之下却暗流涌动。”这也正是泰格·伍兹的状态。这个人凭借在重压下保持平静和专注的能力，成为一代偶像；这个人有着出色的身体控制力，他如果想再来一次，就能刹住自己时速208千米的挥棒。而这位“最安静的运动”的冠军，在暗藏于泰然外表下的无法餍足的激流面前，却是如此手足无措。任何经验丰富的船长都会告诉你，海面上的情况并不重要，海面之下发生的事才有可能让你命丧黄泉。

泰格·伍兹能够用气场震慑对手和抵抗难以忍受的压力，也能在职业生涯中无数的艰难险阻面前坚持不懈，但是，在面对潜藏于灵魂中的魔鬼时，他却无法拿出同样的勇气。

其实，这场灾难的种子很久以前就种下了。泰格的父亲厄尔·伍兹生活阅历非常丰富，他生来贫穷，经历了美国种族歧视和种族隔离最为严重的时期，靠自己的力量上完了大学并参军入伍，在越南成为“绿色贝雷帽”（美军特种部队）的一员。然而，在表面的成就之下，却涌动着自恋、自大、欺诈以及贪婪的暗流。我们可以从一个简单的例子窥见：第二次从越南回国时，厄尔带回了新妻子，而他的现任妻子和三个孩子对此事却一无所知。

泰格是父亲第二次婚姻的结晶，此时的厄尔·伍兹已经43岁，对再次为人父一事也无甚兴趣。在泰格人生的第一年中，绝大多数时间里父亲的角色就是将他在一把高脚椅上用背带固定好，然后自己在车库里打高尔夫球。的确，正是因为观看父亲打球——而不能像普通孩子一样玩耍，泰格对高尔夫球产生了近乎不正常的迷恋。

他的家人说，九个月大的泰格竟会从椅子上滑下来，捡起球杆，去打高尔夫球。

这个故事非常暖心，但也极其反常。2 岁的时候，泰格·伍兹在《迈克·道格拉斯秀》上亮相，展示他的高尔夫球技。观众们反响热烈，但当天的另一位嘉宾吉米·斯图尔特却对此无动于衷。他在后台告诉道格拉斯："像这个可爱的小男孩一样的宝贝孩子和他们过于乐观的父母，我见得多了。"

话虽如此，但泰格·伍兹之所以能够成为一位伟大的高尔夫球运动员，无疑离不开父母的付出。观看父亲在车库里击球的几千个小时，将挥棒的美妙力学机制烙印在他脑海之中。在高尔夫球场练习的另外几千小时——这也多亏了他父亲厄尔在家附近的美军高尔夫球场享受的优惠价——也是功不可没的。父母为伍兹做了许多牺牲，不仅开车送他参加联赛，还为他聘请了最好的教练。

他们并未止步于此。厄尔明白，高尔夫也是一项心理上的比拼，因此他特地下了功夫，让儿子做好迎接残酷体育世界的准备。从伍兹大约 7 岁起，厄尔便积极采取措施，提升儿子的专注力。伍兹只要一开球，厄尔便会咳嗽，用口袋里的硬币制造噪声，把球杆弄倒，要么就是朝他扔球，或是挡住他的视线。"我想让他在心理上坚韧起来，"厄尔这样回忆，"如果我做的这些小事都能让他分心，那他就绝对承受不了联赛的压力。"

但厄尔也承认，随着伍兹一天天长大，他的训练也愈发成了严苛的"精英学堂教育"，犹如由"战俘逼供技术"和"心理胁迫"构成的新兵训练，这样的考验，是任何一个文明人都不应施加在别人身上的。伍兹后来回忆:“他经常对我大加训斥，把我逼到快要崩溃的临界点，然后才让步。真是不近情理。”

没错，这的确不近情理。

对于一个孩子而言，在进行一项运动时被父亲奚落，用脏话辱骂，这确实不合理。试想一下，如果你的父亲让你“滚远点儿”，或是用“你个小黑鬼有什么不服气”这样的话来激怒你，会有多么伤人。厄尔甚至会在两人打高尔夫时作弊，据说这是为了让儿子保持谦虚和拿出好的表现。根据伍兹的回忆，这些措施都是在有意将他训练为父亲想让他成为的人——一个“高尔夫球场上的冷血杀手”。

伍兹对父亲的爱溢于言表，他表示，他们设置了一个暗语，如果厄尔在心理或身体训练中做得太过分，伍兹只需说出暗语，厄尔就会停下。伍兹说，他从来也没有用过暗语，因为他需要并热爱训练，但这个词本身也很能说明问题。这并不是一个知情人心照不宣的讨巧玩笑，也不是一个没有实义的无聊单词。也许你难以想象，但想让父亲停止欺凌，像对待普通孩子一样对待自己，伍兹要说的“暗语”，竟是“enough（够了）”。

伍兹不仅从未说过这个词，而且两人甚至像指代秽语一样，用“带 e 的那个词”来指代。

这是半途而废的人才会说的词，是只有废物才接受的词。

这样看来，这个天赋异禀的孩子在后来的路上斩获如此多的荣誉，却无法让他感到快乐，我们还会觉得出乎意料吗？他虽然在高尔夫球场上镇定自若，内心却经历着极其痛苦的挣扎。

伍兹的母亲也对他严厉训诫。她曾经告诉他说："你永远也别想毁了我当母亲的名声，否则我就揍你。"请注意，这是以身体伤害作为威胁，这威胁并非因做错事情，而是警告他不要让母亲脸上不好看。为人夫的厄尔在伍兹早年就让他看到了"刀尖行走"的生活方式。他会在与儿子一起出差时与别人偷情，喝得酩酊大醉，甚至偷偷从后来成为伍兹经纪公司的 IMG 公司接受了一年 5 万美元的津贴，而这种行为，是很可能有违业余体育规则的。

这些行为会传递怎样的信息呢？表象是唯一重要的事情，为了获胜，可以不择手段，只要别被抓住把柄就行。

这样的虐待，会让资质和努力不及泰格的运动员一蹶不振。但泰格·伍兹不仅天资过人，而且也真正热爱高尔夫，愿意为之付出努力。因此，他变得愈发优秀。

3 岁的时候，伍兹已能打败 10 岁的选手了。到了 11 岁时，他已能频频在 18 杆球场上打败父亲。七年级时，他被斯坦福大学录取。在那里的两年中，伍兹入选全美明星队，并成为全美排名第一的选手。21 岁转为职业选手时，他有望成为高尔夫球历史上最伟大、最富有的选手的事实已经显而易见。伍兹与耐克和泰特利斯签订的首笔合同，加起来价值六千万美元。

伍兹成为职业选手后第一个 15 年的职业生涯，可以称为任何体育运动中最为所向披靡的一段。他把所有能摘取的奖项都收归己有。14 项重大赛事冠军、140 场联赛冠军，他连续 281 周稳坐世界第一高尔夫球手的宝座，从美国职业高尔夫协会巡回赛赢取了超过 1.15 亿美元的奖金。除了南极洲之外，他在各大洲都获得过冠军。

那些关注伍兹的人，会看到一些病态的征兆：打了坏球之后的摔杆，以及在摔杆偶尔危及球迷时所表现出的无动于衷。与恋爱多年的高中女友分手后，伍兹将她的行李打包，并附上一封信，寄到了女方父母的酒店房间。在与史蒂夫·斯科特进行的那场历史性的对决中，受史蒂夫提醒而避免犯规之后，伍兹竟然并未感谢对方，也没有认识到这件事体现出的伟大的运动员精神，反而将之当成对方的软弱[①]。转为全职选手离开大学高尔夫球队时，伍兹甚至连再见也没有跟队友讲；与家人或朋友吃完饭后，一句话也不说便起身离席；还有他那硬生生地将别人从自己的生活中踢开的方式，不一而足。

伍兹的高尔夫球教练汉克·哈尼表示，伍兹逐渐形成了一种理念，“任何进入他的世界的人都是幸运儿，都应该遵照他的方式做事”。这是他的父母教给他的理念。两人既把他当成公子哥儿抚养，也把他当成一场心理实验中的“囚犯”，而名声和财富加剧了这种趋势。“我感觉我努力了整整一辈子，因此有资格去享受周围的一切诱惑，”伍兹后来表示，“我觉得这些都是我应得的。因为有钱有名，这些东西我不必费力也能得到。”

不难想象，和很多成功人士一样，获得的成就越多，伍兹却越来越不快乐。他越来越不自由，睡眠也越来越差，最终只能靠吃药助眠。虽然深爱着自己美丽而优秀的妻子，虽然深爱着自己的一双儿女，虽然拥有无可质疑的卓越球技，但他的精神疾患和巨大的

① 比赛后，史蒂夫·斯科特迎娶了他的女球童，两人一直幸福生活至今。

焦虑感却丝毫不见好转，将他折磨得痛苦万分。

伍兹的意志虽然坚强，但灵魂却痛苦难忍。因与父亲的关系而痛苦，因缺失的童年而痛苦，也因自我折磨而痛苦——“我不是拥有了渴望的一切吗？那我为何还是如此不快乐呢？”这个念头，他一定有过。

这并不是说伍兹不爱获胜，而是说一直以来，仅仅获胜已经不能满足他了，就如他告诉主持人查理·罗斯的：“获胜挺好玩，但打败别人才更带劲。”这句话，是伍兹在公众面前出丑，经历了多年低谷，并在性瘾康复中心接受了一段时间的治疗之后说出来的。他仍然看不到，这样的心态让他付出了多么沉重的代价。

每个人都有一颗饥饿的心——这是事实。但是，我们选择喂饱这颗心的方式是非常重要的。选择怎样的方式，便决定了我们最终会成为怎样的人，会经历怎样的困难，是否能有满足的一天和真正静下来的一天。

伍兹的父亲2006年去世时，伍兹的婚外情更是一发不可收拾。他不在家里陪家人，反而频频出入酒吧和聚会。他在高尔夫球场上表现得更加恶劣、傲慢、脾气暴躁。他也开始频繁与美国海豹突击队队员交往，已经三十岁出头的他（同时也是世界上最家喻户晓的名人之一），却沉溺于有一天能够放弃高尔夫、加入特种部队的不切实际的幻想中。据报道，2007年的一个周末，伍兹竟然从飞机上跳伞十次。实际上，那些困扰他至今的伤势很可能并非来自高尔夫，而是特训留下的结果——还包括一次在清空建筑物的军事演习中被人从后踢中膝盖的意外伤。

就这样，伍兹并未享受财富、成功和家庭，而是一边背着妻子偷情，一边在某种早期的中年危机中沉迷于特种兵的角色。伍兹的一位友人这样评价伍兹与他父亲之间的关系：“魔镜魔镜挂墙上，我跟父亲没两样。”跟很多人一样，泰格也在不知不觉中将父母最负面、最糟糕的习惯学了起来。

在有些人眼里，伍兹重返球坛的这徒然无果的几年时间，证明了此前的频获佳绩都是他的自私心理在起作用，要么就是在性瘾康复中心进行的治疗打开了一些本应尘封不动的伤口。

这仿佛是说，伍兹这个人不配拥有幸福，他所存在的目的，就只是赢取奖杯和通过电视给我们带来娱乐而已。耶稣曾经问过他的门徒：“一个人若是拥有了全世界，却赔上了他的灵魂，又有什么益处呢？”

这是一个我们必须扪心自问的问题。从长远来说，无论是在工作还是家庭中，欺诈和谎言对任何人而言都是没有益处的。对于伍兹而言，凭借过人的资质，他才得以在做了错事之后侥幸逃脱，但凡事都有到头的一天。

从一方面来说，伍兹的父亲对他的培训是成功的。伍兹意志坚定，既冷酷又有才华。但从生活的任何其他方面而言，他却软弱而不堪一击，性格缺陷百出且精神失衡。他的沉着冷静只存在于高尔夫球场上，只要走下球场，他就成了自己的激情和冲动的奴隶。在努力屏蔽干扰（也就是任何可能妨碍他专注于每一杆球的因素）的同时，也将生命中诸多其他的必要因素拒之门外：一颗敞开的心、意义深远的感情、无私奉献、谦卑之心，以及对是非的辨别。

这些不仅是平衡生活的重要因素，也是让我们能够忍受失败和享受成功的宁静之心的源泉。如果我们的心中常燃焦虑之火，如果我们的灵魂因空虚而挣扎，那么心理上的宁静就只能是昙花一现。如果对自己内心的状况置之不理，我们就无从观察世界的本质。如果对不断索取的渴望像蛆虫一样啃噬着我们的内心，那我们就无法与任何人或任何事和谐共处。

伍兹后来表示："如果你在生活中时时刻刻都要靠谎言过活，那么人生就毫无乐趣。"失衡的人生，是毫无乐趣可言的。如果你的整个人生都只以你自己为中心，那么这样的人生比无趣还要糟糕——简直可以用空洞和可怕来形容。伍兹不仅是一个孤独的人，像现代社会中的许多人一样，他已经成为一座孤岛。虽然他功成名就，却未能认清自己。接连不断的婚外情不会让他享受，这些拈花惹草之事也不会给他带来多大的快乐。实际上，这些事情几乎让我们觉得，他仿佛想被人逮到，好获得帮助。

我们不必去评判泰格·伍兹，只需从他的失败和重新振作中总结经验。在经历了一段漫长而勇敢的重返之路后，2019 年，43 岁的伍兹在小儿子的加油鼓劲下做完了脊椎融合手术，他又赢得了美国名人赛的冠军。这是因为，我们与他有着同样的缺陷和同样的弱点，但如果我们愿意付出努力，我们也会拥有成就伟业的潜质。

马可·奥勒留曾这样问自己："我在如何利用我的灵魂？拷问自己，去寻找到底是什么占据着所谓的大脑，去查明你现在拥有怎样的灵魂——是孩子的灵魂、青年人的灵魂，还是暴君的灵魂？是猎人的灵魂还是猎物的灵魂？"

我们也需要向自己提出这些问题，在功成名就后更应如此。

禅宗文学中最精彩的一段故事，是十首关于一位农夫和他的牛的小诗[①]。这些诗歌组成了一篇关于如何自我控制的寓言，每首诗的标题都表现出每一个人必须要踏上的旅途：先是寻牛，然后见迹，见牛，得牛，牧牛，骑牛回家。

刚开始的时候，这头牛还难以驯化，其野性还无法被控制。但这十首诗告诉我们，通过努力和坚持，带着自我觉知和耐心——也就是所谓的觉悟，我们最终能够克制内心的情感与冲动。正如其中两句所云：

相将牧得纯和也，羁锁无拘自逐人。

这表明诗人进入了一种宁静与平和的状态，已将狂野的灵魂驯服。

这就是我们想要达到的境界。从古时起，人们就已经开始努力驯服和控制藏于内心深处的力量，以获得宁静之心，以保持和维护自己的成就。如果我们的个人生活由一系列令人心浮气躁的麻烦事堆砌而成，那么在工作中沉着冷静又有什么意义呢？话说回来，我们能把个人生活与工作拆分吗？你或许能够统治一座城市或整个帝国，但如果你连自己也控制不了，那么一切都毫无意义。

我们接下来要做的工作，应少偏重脑力，多偏重灵魂。这是

① 指宋代廓庵师远禅师为《禅宗十牛图》所写的诗，依次指出禅者由修行、开悟、调伏业识，终至见性，进而入世化众的心路历程。——译者注

心灵和灵魂的工作，而不是大脑的工作。因为，我们的灵魂才是快乐（或不快乐）、满足（或不满足）、节制（或贪婪）和宁静（或不安）的关键。

正因如此，那些寻求宁静的人必须要做到以下几点：

- 建立稳固的道德标准
- 远离嫉妒、愤恨和有害的欲念
- 与童年留下的创伤和平共处
- 练习培养对周围世界的感恩和欣赏之心
- 在生活中培养亲密关系和爱
- 把信仰和控制权交予比自己更宏大的力量
- 明白所谓的“足够”是不存在的，一味追寻更多而不自省，只能以失败收场

我们的灵魂是决定我们幸福或不幸、满足或空虚之处——最终也划定了我们能够有怎样的成就。

因此，我们必须保持灵魂的美好。

选择美德

伟大的本质在于，知悉拥有美德已经足够。

——拉尔夫·沃尔多·爱默生[①]

很多人都知道，马可·奥勒留曾经描述过许多种所谓的“自我属性”。他的自我属性包括：正直，谦逊，直言不讳，头脑清醒，有协作精神。可以说，这些特性让作为君王的他受益匪浅。

除此之外，可以添入这一清单的特性还有许多：诚信、耐心、关爱、友善、勇敢、镇定、坚毅、慷慨、宽容、公正……

所有这些特质都可以用一个词来概括——美德。

斯多葛学派认为，美德是至高无上的善（即拉丁文中的 *summum bonum*），它应该成为我们所有行动背后的原则。美德不等于神圣无瑕，而是日常生活中品性和行为的良善。这是一种由灵魂而生的纯粹正义，表现在我们所采取的行动中。

对于美德，东方人要比西方人重视得多。举例来说，《道德经》的书名就可以直译为“美德之道”。为同时期的众多诸侯做顾问的

---

① **拉尔夫·沃尔多·爱默生**（1803—1882）：美国思想家、文学家、诗人，是确立美国文化精神的代表人物。——译者注

孔子，应该也会同意马可关于追求美德对领导者大有裨益的观点。孔子对诸侯最高的赞誉，就是称对方为“君子”。时至今日，我们仍然很难在英语中找到“君子”的对应词，但可以大致理解为一个展现出正直、节操及自律的人。

如果“美德”的概念对你来说太过死板，不妨看看那些证明有美德的生活本身就值得拥有的实例。没有人比那些分不清对错的人更加心浮气躁了。那些缺少道德标准的人，必须没完没了地为每一个决定找理由，对所有诱惑思前想后，没有人比他们更劳神费心了。没有人比那些讹诈或诓骗别人的人更加看扁自己了，即使——或者说尤其——是在讹诈或谎言为其带来铺天盖地的赞誉时。那些认定自己的选择没有什么意义的人，其生命本身也就没有意义可言了。

与此相比，那些明白自己重视什么的人呢？那些有强烈的正义感和原则并将它们作为行为规范的人呢？那些随时随地拥有道德自制力的人呢？他们就是找到了至静力的人。

这是一种他们在面对挑战、压力甚至危险时能够调动的灵魂之力。

我们来看看加拿大政治家驵勉诚（Jagmeet Singh）在一次竞选活动中对一位愤怒抗议者的回应。当这位愤怒的女士走上前来，开始对着他怒吼自己对伊斯兰教的不满（尽管驵勉诚是位锡克教徒）时，他用自己的两个自我属性作为回答，即“爱和勇气”。很快，人群也开始跟着他一起反复吟咏：“爱和勇气。爱和勇气。爱和勇气。”

他本可以站在那儿，用怒吼作为回应。他也可以选择逃避。这样做，或许会让他在当时或永远变成一个冷酷刻薄的人。他很可能因受刺激而误入歧途。但在这样一个不仅威胁到职业生涯，还有可能威胁到人身安全的情形下，这两个词语让他重新坚定立场，从而保持了冷静。

不难理解，不同的环境需要我们拿出不同的美德和自我属性来面对。在处理一项困难的任务时，我们可以一次次对自己重复“力量与勇气”；在与另一半进行一次难以开口的谈话前，我们可以对自己说“耐心与宽容”；在陷入堕落和邪恶时，我们可以提醒自己“良善与诚信”。

自由意志的可贵之处就在于，在此生中，我们既可以选择从善，也可以选择从恶。我们可以选择要求自己遵守的道德标准，以及将什么视为重要、高尚、可敬的东西。我们在这方面所做的选择，决定了我们能否享受内心的平和。

正因如此，每个人都必须坐下来进行自我审视。我们的立场是什么？我们视为必需和重要的事物是什么？我们到底在为什么而活？我们的骨髓深处，我们的内心深处，其实都知道答案。问题在于，生活的忙忙碌碌，追逐事业和努力生存的现实，在我们和这一自我认知之间设下了屏障。

孔子认为，美德就像北极星，不仅能够为行路者提供指引，也能吸引追随者。在历史上被误当成享乐主义者的伊壁鸠鲁认为，美德是通往平静与快乐的道路。不仅如此，他还坚信美德与快乐就像同一枚硬币的正反两面，他写道：

如果无法理性、高尚、公正地生活，就无法拥有快乐的生活；反过来说，如果无法快乐地生活，也就无法拥有理性、高尚、公正的生活。一个没有快乐生活的人，也没有理性、高尚、公正地活着；反过来说，一个不具备这些美德的人，也是无法快乐地生活的。

有美德的地方，就有快乐和美好。

孔子说："君子坦荡荡，小人常戚戚。"我们也可以看看另一位斯多葛学派哲学家塞涅卡的事例，他与马可一样是位政治家。就像我们一样，他也是个充满矛盾的人。一方面，他的作品中包含了一些有史以来关于道德和自律的至美静思，很明显，这些都是异于常人的专注和清晰的头脑所带来的成果；另一方面，塞涅卡也是个努力奋斗的人，他是一位野心勃勃的作家兼政治家，希望能通过自己的文字和政治策略被后人铭记。

在职业生涯的最高点，他成了尼禄皇帝的参谋。本是塞涅卡得意门生的尼禄皇帝，却没有让老师在工作中省心。他癫狂、自私、注意力涣散、偏执，且冷血残暴。想象一下，你要在夜晚书写做正确的事、克己节欲以及拥有智慧的重要性，而白天一到，你还得帮你那一手遮天的上司寻找刺杀母亲的理由。塞涅卡知道自己应该选择离开，他也很可能想要离开，但最终还是没有这样做。

塞涅卡会问：什么是美德？他自己的答案是："正确而坚定的判断。"明智的决定、快乐、平和，都出自美德。美德源自灵魂，指引思想和身体。

但当我们审视塞涅卡的人生时，就会发现，他的抱负并没有为他带来太多的平和，反倒让他做出了错误的决定。塞涅卡用流利的文字书写着财富的虚无，却通过不当的渠道获取了巨额的财产。他坚信慈悲、善良以及同情之心，却自愿效忠于两位或许可以算作精神变态的君主。这似乎是他对自己的理论不够信任，因此无法遵守——也就是说，他无法完全接受人可以依靠美德过活的理念。

看来，获取金钱、权力和名望，仿佛比美德更加要紧。

塞涅卡明知美德之路在何处，但还是选择去追逐那些让他与美德渐行渐远的诱惑。这个选择让他度过了无数个不眠之夜，也将他逼入了在伦理上进退两难的窘境。最终，这个选择让他丢掉了性命。公元 65 年，尼禄皇帝对自己曾经的老师下手，逼迫他自杀——长期以来，塞涅卡为尼禄的邪恶找尽理由，到头来却因此失去了一切。

毫无疑问，撒谎、作弊、刻薄待人，可以让你出人头地，甚至可能快速成为人生赢家。但是，这种做法不仅会伤及你的自尊，也会削弱你的安全感。

听来或许难以置信，但与之相反的是，美德不仅更容易获取，而且也是通往成功的一条更加稳固而可持续的道路。

这是为什么呢？名望取决于他人。获得财富需要商机。通往目标的道路既可能因天气不好而被切断，也可能被专横之人阻挡。但是美德呢？没有人能阻止你明辨是非，也没有人能挡在你与美德之间，除了你自己。

每个人都必须锻造自己的道德规范，一套我们几乎比生命本身还要敬爱的更高的标准。我们每个人都必须坐下来扪心自问：我重视什么？让我誓死捍卫的东西是什么？我接下来该如何生活，原因又是什么？

这些并不是漫无目的的提问，也不是性格测试中的陈词滥调。如果我们想得到从自身高尚的堡垒中产生的宁静（以及力量），那就必须找到这些问题的答案。

在人生的危难时刻——比如塞涅卡被要求效忠于尼禄皇帝时，美德才会显现出威力。古希腊哲学家赫拉克利特曾说，性格即命运。他说得没错。我们要为自己培养良好的性格和坚强的秉性，在关键时刻临危不乱。

如此一来，在所有人惶惶不可终日和难抵诱惑之时，我们才能坚守美德。

我们会平静如水。

疗愈内在的小孩

我内心还住着那个小孩，他是那么沉静……但有时又不那么安分。

——弗雷德·罗杰斯

莱昂纳多·达·芬奇永远带着一股孩子气。没错，让他成为一位如此伟大的艺术家的原因就在于此——他的顽皮，他的好奇，他对发明和创造的痴迷。然而，他的顽皮背后却隐藏着一种深沉的忧愁，这是他的早年生活经历所留下的伤痛。

莱昂纳多生于1452年，是一个富裕的法律公证员的非婚生子。虽然父亲后来曾邀请这个私生子与他同住，也帮助他获得了第一份学徒工作，但两人之间的隔阂从未消失。

按照当时的习俗，在莱昂纳多父亲这样的显赫人物的家庭里，最年长的儿子会被选中继承父亲的职业，并最终接管其产业。按照规定，公证员协会并不承认不合法的继承人，但令人不解的是，莱昂纳多的父亲也从未尝试过向地方法院呈递申诉，为他的孩子争取合法身份。

莱昂纳多的父亲后来又有了12个孩子，其中9个都是男孩。临终时，他并未留下具体的遗嘱，对于一位熟悉法律的公证员来说，这种做法只能意味着一件事：他从法律上剥夺了莱昂纳多的继承权，以维护“真正的”孩子的利益。莱昂纳多的传记作者沃尔特·艾萨克森后来写道，皮耶罗·达·芬奇排挤莱昂纳多，从未完全接受过他，他“给儿子留下的主要遗产，就是使他对找寻无条件资助人产生了难以餍足的欲望”。

没错，纵观莱昂纳多的艺术生涯，他几乎像个孩童一样，从他所效力的权贵身上寻找爱与接纳。在25岁之前，他全心全意地效力于他的第一位导师安德烈·德尔·韦罗基奥，长达十一年多的时间——对于这样一位天才来说，这么长的时间是不可思议的（米开朗基罗16岁就自立门户了）。又是什么，让莱昂纳多这样的良善之人甘愿待在恺撒·博尔吉亚这样的变态杀人狂身边？博尔吉亚是唯一一个愿意对莱昂纳多的军事发明进行审视和考虑的人，这也是他长期以来一直热衷的项目。从米兰到法国，再到梵蒂冈，莱昂纳多在他的职业生涯中辗转各地，找寻着他认为可以弥补内心缺口的资金支持和艺术自由。

一怒之下带着工作室移居他处、将未完成的工作丢下不管的情况，在他身上出现过七八次之多。这有时是因为他遭到了轻视，而更多则是因为资助人无法提供所有他想得到的条件。在今天的我们看来，他那充满愤怒的信件和未完成的作品中所包含的弦外之音，像极了愤怒的青少年的怒吼：你不是我父亲，你没有资格指使我！你并不真的爱我！我们走着瞧吧！

我们中的很多人，都还带着童年留下的伤痕。或许有人曾待我们不公，或许我们曾有过一段可怕的经历，或许我们的父母太过忙碌、太过挑剔，或是忙于应付自己的问题而无暇满足我们的需求。

这些痛处，决定了我们所做的抉择和采取的行动——即使我们无法时时刻刻意识到这一事实。

这个事实应该给我们以慰藉：那些仿佛总在不适当的场合突然冒出的焦虑、忧愁以及沮丧，那些我们无法长期维持亲密关系或是对批评充耳不闻的原因，其实不在我们。或者说，问题的确在我们，只不过不是成年后的我们，而是我们心中7岁的自己——那个被爸爸妈妈伤害过的孩子，那个被人忽视的甜美而天真的孩子。

我们来看看棒球历史上最伟大的天才投球手里克·安凯尔的故事。他经历过艰苦的童年，父亲施暴，哥哥则以贩毒为生。一生中，他都将这份痛苦和无助强压心中，将精力专注于在投手丘上磨炼技艺，并最终成为职业棒球次级联盟的头号种子投手。就在他的职业生涯开始转顺时，在2000年的第一场季后赛的百万观众面前，他却突然失去了对投球的控制。

这是怎么回事呢？原来，就在几天之前，里克的父亲和哥哥因涉毒指控而被关进监狱，里克在法庭上见到了他们。多年以来，里克一直在躲避童年的伤痛，而这次，他的痛苦终于爆发了，于是将投球所需的微妙平衡打破。杰出而耐心的体育心理学家哈维·多夫曼花了几年的心血，才将他的才能再次引导出来。但即便如此，效果仍然有限。在此后的职业生涯中，安凯尔只投了五次球，而且再也没能成为先发投手。他在外场度过了接下来的职业生涯，且大多时间只能待在中外野，也就是离投手丘最远的位置。

西格蒙德·弗洛伊德曾写道，一个人幼年时经历的大大小小的匮乏和不足，会在成年后衍生出有害而难以控制的脾性。因为生来不够富有、不够漂亮、不够天资过人，因为没有像班里其他小朋友一样得到赞赏，或是因为戴着眼镜、体弱多病、买不起好看的衣服，我们就变得蛮横易怒。有些人就像理查三世[①]一样，认为一处残缺就让我们有理由自私自利、尖酸刻薄或是贪得无厌。弗洛伊德是这样解释的：我们因受到不公待遇或是需求未被满足而认为自己受人亏欠，"我们都需要修复自恋心理在人生初期所遗留的伤口"(这句话用在泰格·伍兹身上非常合适)。

不过，为了保护受伤的内心幼童而制造出一头怪兽，也是件很危险的事。

不安的滤镜，焦虑的滤镜，受迫害的滤镜，一定要证明所有人都错误的滤镜，莱昂纳多所戴的"你能不能做我父亲？"的滤镜，这些我们为理解社会而从小建立起来的适应机制，不但不会帮我们减轻人生的负担，还会适得其反。这样生活，谁又能快乐得起来呢？你难道会将充满压力、危险重重、关系重大的事件交给一个9岁的孩子处理吗？

电影制片人贾德·阿帕图曾说，在他的一部电影拍摄过程中，一次激烈的争执让他领悟到，多年以来，电影公司或制片高管对他的影片的每一句评语，或是每一次想要施加限制或控制的企图，在他眼中都与其父母令人反感的控制欲大同小异。他的本能和感情，都让他以反抗和防范的态度对待每一次干预："这些傻瓜有什

① **理查三世**（1452—1485）：英格兰约克王朝最后一位国王。在位期间成就斐然，但作为暴君的形象也深入人心。——译者注

么资格指使我？他们凭什么总是对我颐指气使？他们怎能待我如此不公？”

我们每个人都可能对别人无甚恶意的评判做出过激反应，在某个权威人士想要对我们的行为加以指挥时发脾气，被某种绝不会有好结果的亲密关系吸引，或是被某种明知错误的举动诱惑，这样的情况不时出现，连我们自己也觉得出乎意料。这些感情埋藏之深，几乎像是源于本性一般——其根源，在于我们的婴儿时代。

通过心理治疗和自我反省（以及妻子的细心观察），阿帕图意识到，电影公司并不是他的父母。这是一场商业上的交易和创意上的讨论，而不是一个有才能的男孩被冷漠的父母呼来喝去的往事重现。

这个领悟，给他带来了心灵的宁静，即使只是让工作中的争端得到了缓解。想想看：若是停止从脆弱孩童担惊受怕的视角来看世界，那么生活将会增添多少美好，减少多少恐惧呢？如果停止往生活中添加额外的负担，那么我们的行囊将会轻盈多少呢？

治愈生活中的创伤，需要耐心、同情心以及真正的自我关怀。就像一行禅师所写的：

> 除了认识和接受我们的内心幼童，正念的第三个功能在于抚平和缓解我们的痛苦情绪。只需轻轻拥抱这个孩子，我们就已经在抚慰自己的痛苦，也会感到踏实起来。当我们以正念和专注去拥抱强烈感情时，我们就能看到这些行蕴的根

源，并知晓痛苦的来源。当我们找到了这些东西的根源，痛苦就会减轻。因此，正念能让我们认识、接受并解脱。

花些时间，认真思考从幼年开始就背负在身上的痛苦。想一想，在受到伤害、背叛或是遇到意想不到的困难时，做出情绪化反应的我们有多大“年龄”，那就是我们的内心幼童。他需要你的一个拥抱。他需要你对他说：“嗨，亲爱的，没关系。我知道你受了委屈，让我来照顾你。”

就这样，长大成人的强大的自己重新站了出来，带来慰藉，让心的宁静成为可能。

这样做，不仅是为了自己，也是为了我们生命中的其他人。我们每个人都需要打破佛教所称的“轮回”的枷锁，也就是一代代持续不断的生命疾苦。

10 岁的时候，喜剧演员盖瑞·山德林的哥哥因囊性纤维化去世，他的余生都活在心浮气躁且控制欲极强的母亲的阴影之下。长子的去世给她造成了巨大的打击，她禁止盖瑞参加葬礼，生怕他看到她哭泣。

在这件事发生很久后的一天，盖瑞在他的日记本里写下了一个“配方”，或许就是这个配方，帮助他战胜了痛苦，让他不仅治愈了自己内心的幼童，也作为娱乐行业的导师和前辈，将此经验传授给众多他视如己出的后辈[①]。这个配方非常简单，也为我们打破

① 碰巧的是，贾德·阿帕图是这些后辈中最成功的一位。

怪圈并抚慰心灵深处的愤怒提供了一把钥匙：

- 给予更多
- 给出你没能得到的东西
- 多爱一点儿
- 放下旧事
- 如果可以，请试试吧

当心你的欲望

每个人的心底都有激情在啃咬，就像每一颗果实里都有蛀虫。

——大仲马

在 1962 年 10 月那决定性的 13 天里，肯尼迪借助内心的平静成就了无可争议的伟业。从此，世界永远欠他一个人情。但是，我们也不应让这个闪光的时刻抹去一个事实：像我们每个人一样，他的心中也有困扰和纠缠着他的魔鬼，这些魔鬼暗中削弱着他的伟大，也扰动着他的平静。

美国前总统肯尼迪小时候，他父亲约瑟夫经常将情人带回家来吃晚餐或是与全家一起出游。在家里，愤怒和暴力也是家常便饭。约瑟夫经常说："要是哪个人招我讨厌，我就记恨他到我死的那天！"这么说来，他的小儿子养成坏习惯，难以控制冲动和欲望，也就不足为奇了。

肯尼迪第一次因情欲而陷入麻烦是在二战初期，当时，他与英戈·阿瓦德坠入情网，对方是一位美艳的荷兰记者，也被许多人怀疑是纳粹间谍。参加总统竞选期间，他又与朱迪斯·埃克斯纳有染，而对方恰好是芝加哥犯罪集团成员萨姆·詹卡那的女友。但是，肯尼迪并未为这几次重大的判断失误承担任何后果，而是每次都成功开脱，这让他的冒险行为更加变本加厉了。

肯尼迪并不是个浪漫之人，他的女友们对他那无法餍足而毫无快感可言的性欲也有所评述。其中一位性伙伴表示，性爱对于他来说“只是一种身体和社交活动”，以此来打发时间，或是制造刺激。他对另一半的感觉漫不经心，时日一长，他对性爱给自己带来的快感也几乎不以为意了。在一个非常难堪的坦诚相见的时刻，他曾告诉英国首相，如果几天不做爱，他就会头疼。（他的父亲曾经告诉几个儿子，如果他不跟人“上床”，就会睡不着觉。）由于肯尼迪的背部疾病，做爱对他而言估计是件痛苦的事，但他从未因此有所收敛。

古巴导弹危机期间，苏联和美国在核战爆发的边缘摇摆不定，而肯尼迪却可耻地将惠顿学院一名 19 岁的学生带到白宫附近一家酒店里私会。并不知道自己还有多少时日可活的他，正以超人般的敬业精神投入导弹危机，以求抑制这些美国的死对头危及人类的一时冲动；但与此同时，他却选择了背叛他的妻子，与一个比他年纪小一半的萍水相逢的少女在被窝里度过或许是此生最后的时刻，而不是去陪伴他担惊受怕、脆弱受伤的家人。

这听上去不仅与宁静相去甚远，而且也不是什么光彩之事。

这似乎是一个灵魂受损的人的举动，他任凭自己被最黑暗的冲动摆布，无法清楚思考或分辨轻重。但在我们指责肯尼迪是一个令人发指的性瘾者或施虐者之前，我们也应该审视一下自己的缺陷。难道我们就不会受到个人生活中种种欲望的摆布吗？我们难道不会在明白事理的情况下明知故犯吗？

欲望能够打破我们生活中的平静：对美色的欲望，对性高潮的欲望，对我们忠实伴侣之外的人的欲望，对权力的欲望，对支配的欲望，对危险冲动的欲望，对他人财物的欲望，以及对金钱能够买到的最精致、最高级、最昂贵的物品的欲望。

而这些，不正与我们口口声声想要追寻的自我掌控背道而驰吗？

一个被自己的冲动所奴役的人，是称不上自由的——无论此人是水管工人还是总统。

选择毫无节制地放纵自己的欲望，到头来却落得身败名裂，甚至身陷囹圄，这样的人，到底有多少？

权力、性爱和渴慕至少还能给人带来愉悦，而嫉妒，这一世间最常见的欲望——也就是对他人所拥有的东西垂涎三尺，究其原因，只是因为别人拥有这样东西而已。约瑟夫·艾本斯坦①有这样精辟的话：“在七宗罪②中，唯有嫉妒毫无乐趣可言。”而早于约瑟夫 2400 年的德谟克利特则说：“嫉妒之人折磨自己，仿佛与自己为敌。”

受眼红或嫉妒情绪支配的人，是无法清醒思考或平静生活的。怎么可能呢？

这是一个由痛苦构成的没有尽头的怪圈。我们羡慕某人，而

---

① **约瑟夫·艾本斯坦**（1937— ）：美国散文作家，西北大学文学教授，资深杂志编辑，文化批评家。——译者注

② **七宗罪：**天主教教义中人类的七种恶行，一般认为是傲慢、贪婪、色欲、嫉妒、暴食、愤怒及怠惰。——译者注

这个人同时也在羡慕他人。工厂的工人日思夜想成为百万富翁，而百万富翁则眼红朝九晚五的工人的简单生活；名人希望重回清静生活，但同时又有那么多的人心甘情愿放弃自己的清静日子；已经拥有迷人伴侣的人，却一心想要得到更加迷人的另一半。或许，我们嫉妒的对象，其实也在嫉妒着我们——这个想法，发人深省。

嫉妒这种情绪中，还包含着“鱼与熊掌兼得”的幼稚心态。我们并不只是想得到别人所有的东西，我们还想同时维持自己所有的一切，并把别人的东西加在其上，即使二者是不可兼得的（不但如此，我们还想剥夺别人拥有这些东西的权利）。但是，如果必须与你所嫉妒的对象完全调换身份，如果想要拥有对方的生活，你必须要放弃你的大脑、原则以及最自豪的成就，那么，你会愿意吗？你愿意付出他们为你所觊觎的东西所付出的代价吗？

不，你不愿意。

我们再来看看被误当成享乐主义者的伊壁鸠鲁，他曾说过：“性爱从未给任何男人带来好处，没伤害他就已是奇迹了。”他创造出一个巧妙的测试，每当感到自己受强烈欲望的诱惑时都可以问：如果得到了我想要的东西，对我会有什么影响？我过后又会有何感受？

没错，从本质而言，绝大多数的欲望都是不理智的情感，正因如此，想要拥有宁静，我们就必须坐下来好好剖析这些欲望。我们要预见到未来难以自控的时刻，在饮酒之前，先想想不可避免的宿醉之苦。如果能这样做，这些欲望便失去了一些诱惑力。

对于伊壁鸠鲁学派而言，真正的快乐，是脱离痛苦和焦虑。

如果你在渴望某种事物时会因得不到而感到痛苦，这痛苦不就削减了回报的真正价值吗？如果得到你所渴望的东西会带来相应的后果，那还算是真正的快乐吗？如果当初帮助你获得成就的动力也让你不可避免地过度努力和进取，那么这种动力还算是一种优势吗？

追求宁静的人不一定是完完全全的禁欲者或清教徒，但我们可以花些时间，搞懂欲望能对我们产生多大的诱惑和影响力。欲望虽然能为我们带来暂时的欢愉，但除此之外，也会剥夺我们所追寻的更深层的平静。

回想你最幸福的一段日子。那并不是你在苦苦追索着什么的时候，也不是你的渴求终于得到满足的时候。在收获之时，总萦绕着一股淡淡的失望或迷茫。

奎师那在《薄伽梵歌》中说，欲望是“智慧无所不在的敌人……如烈火般永远得不到满足”。佛教徒将欲望魔鬼用“摩罗”来指代，他们说，摩罗试图诱惑和干扰佛陀的开悟和宁静之路。达·芬奇曾在笔记本上写过如何用人像表达嫉妒之情，他说，这个女性应该有着病态而枯槁的身形，这是她终日饱受折磨的结果。“让她的心脏受一条肥硕大蛇的啃咬，”他写道，“让她在死亡边缘挣扎，因为，嫉妒之心是永远不死的。”达·芬奇还说，色欲让我们堕落到“野兽的层级”，如此形象的描述，应该是很难找到的了。

没有人是完美的。从生物学和病理学来讲，出差错都是在所难免的。因此，我们需要的是一套哲学理念和坚定的道德标准——对美德的坚持，帮助我们抵御诱惑，并给予我们力量，让我们在跌倒时和想要变得更好时重振精神。

我们还可以借助工具来帮助自己抵御有害的欲望。亚历山大的圣亚他那修[①]在《安东尼传记》中写道，“记日记——这类行为被基督教徒称为忏悔——的好处便是有助于避免犯罪”。通过观察并记录自己的行为，他不仅对自己的行为负起责任，而且成了一个更优秀的人：

> 让我们每个人都注意并记下自己的行为和灵魂的冲动……就好像要向彼此汇报一般。尽管放心，被公之于众所带来的无地自容，会让我们将罪行和罪恶的念头统统斩断……就像我们不会在别人的目光下任由自己被色欲驱使，如果像是要告知彼此那样把自己的念头记录下来，我们就会因愧于被别人发现而更好地抵挡污秽的想法。现在，让记录下来的文字接受其他禁欲之人的审视吧，让我们像真的暴露于众目之下那样汗颜，如此，我们就永远不会再心生恶念。

抵御我们的冲动，冷静处之并加以审视，使之如一股臭气般自行消散——这就是我们锻造坚毅灵魂的方法。如此，我们才能成为想要成为的自己。

---

① **亚历山大的圣亚他那修**（296—373）：东方教会的教父之一，曾是埃及亚历山大城的主教，被列为基督教圣人之一。——译者注

只有那些肯静下心来探索，提出问题并预见欲望所带来的后果的人，才有机会克服欲望，并在让人悔恨的事开始之前就为之画上句号。只有这样的人才知道，真正的快乐，在于拥有诚实、坚定、愉悦而安稳的灵魂。

知足常乐

征服者满足于自己征服的成果的事例，历史上还从未有过。

——斯蒂芬·茨威格[①]

一次，《第五屠宰场》的作者库尔特·冯内古特和《第二十二条军规》的作者约瑟夫·海勒在纽约市郊的富人区参加一个聚会。站在这幢某个了无趣味的亿万富翁宫殿般的第二寓所中，冯内古特开始揶揄他的朋友。“老兄，”他说，“派对的主人昨天一天挣的钱，可能就比你一本小说一辈子挣的钱还要多，你有何感受？”

海勒回答：“我拥有他永远也得不到的东西。”

“那是什么？”冯内古特问。

“我拥有足够的知识。”

想象一下，足够带来的满足感给约瑟夫·海勒和所有其他有同感的人带来了多少平静：脱离了不知餍足的渴望，也脱离了互相攀比的焦虑。能够对你自己和你的工作感到满足，这是一份多么丰厚的恩赐！

只把“足够”一词挂在嘴边是不够的。想要了解其中的含义，

---

① **斯蒂芬·茨威格**（1881—1942）：奥地利犹太裔作家，中短篇小说巨匠。——译者注

我们就必须挖掘灵魂，深刻自省，而这样的努力，很可能会打破我们毕生抱持的幻觉和臆想。

哲学家约翰·斯图尔特·穆勒从小便才华横溢，在青春期之前，他就几乎通读和掌握了主要经典文本的希腊文或拉丁文原著，他的例子，可以让我们清楚地看到这个过程有多么可怕。作为一个孜孜不倦之人（他的父亲和他自己都这样评价），在大约 20 岁时，穆勒第一次停下脚步，开始思考自己所追逐的目标。他是这样写的：

> 我突然想到，我可以直接对自己提出这个问题："假设你生命中所有的目标都已实现，假设你渴望在习惯和观念上实现的所有改变，都能在当下这一刻全部生效，这能给你带来巨大的欢愉和喜悦吗？"一个难以抑制的自我认知的声音清楚地回答道："不能！"想到这儿，我的心一沉：我的人生的整个地基，就这样倒塌了。

接下来发生的，是一场用了好几年时间才恢复过来的灾难性的精神崩溃。虽然如此，这么早就经历此事的穆勒或许是幸运的。绝大多数人一辈子也意识不到，他们毕生的成就最终也无法如他们告诉自己的那样带来慰藉和幸福。或许，只有在大量时间和金钱、无数真情和宁静都牺牲在成功的祭坛上之后，他们才会得出这个领悟。我们千辛万苦到达终点线，到头来只会纳闷：这就是终点？接下来怎么办？

这是一个让人难以抉择的十字路口。而更糟糕的情况是，有的人居然会选择无视，将存在主义危机所产生的矛盾压在心里，在上面填埋虚无的消费、更大的野心，以及不停做同样的事最终却能带来不同结果的痴心妄想。

从某种程度上说，这是我们的美德所带来的诅咒。如果没有变得更好的渴望和探索潜在进步空间的兴趣，那就没有人能够成就卓越或实现开悟。但是，想要获取更多的渴望或需求，却往往与幸福背道而驰。网球名将比利·简·金就对此有过评论，她说，让一位运动员登上冠军宝座的心态，也往往会让他们无法享受自己辛苦奋斗来的成果。对于进步的需求，有时也会成为享受过程的敌人。

无法享受事情本来面貌的人，特别是那些客观来说已经付出巨大努力的人，是没有宁静可言的。想要更多的渴望在暗中潜行，就像一只水螅，喂饱了一只——将之从目标清单上划去——在同一个地方，又会钻出两只来。

对于“足够”最深刻的洞见，来自东方。老子说：“知止不殆，可以长久。”《道德经》里有这样一段：

> 祸莫大于不知足，
> 咎莫大于欲得。
> 故知足之足，常足矣。

西方的哲学家也在努力寻找获取更多和知足常乐之间的平衡。爱比克泰德说：“对于不知足者，没有什么事情是足够的。”汤姆斯·特拉赫恩[①]则说："拥有幸事且予以珍惜即是天堂……拥有幸事而不珍惜则是地狱。"享受过君王极盛时期荣华富贵的斯多葛主义者，深谙金钱的本质，塞涅卡虽坐拥万贯家财，但他也知道金钱与平静几乎毫无关系。为追逐并不需要的金钱和不属于自己的荣誉而将自己推入毁灭和痛苦的深渊，这样的事例，在他的作品中比比皆是。

凡事有度，这一点至关重要。道理我们虽然能理解，但其中真意，我们只有在顿悟闪现或悲剧袭来之时才能切身感受。

2010 年的一天，马可·卢比奥在自家大厅里一边来回踱步一边打电话，为他出奇制胜的参议院竞选筹集资金，这时，他 3 岁的儿子偷偷从后门溜了出去，失足掉进了泳池中。卢比奥虽然听到了开门时的门铃响动，但觉得此事有别人照管，因此又继续打他的重要电话。几分钟后，他发现自己的儿子脸朝下浮在泳池中，呼吸几乎已经停止。

经历了这样一场差点酿成的悲剧，他仍然几乎立即重新投入工作——和林肯一样，他的野心也是一台"不知休止的小引擎"。很久之后，卢比奥才开始看到这股冲劲所造成的代价，也领悟到全然投身于野心之中会让我们忽略多少重大事件。正如他所写的："我觉得现在我明白了，我们在制订计划和追逐野心时所感受到的焦虑，并不是因为它们对我们的幸福有多么重要，也不是因为我们有多么渴望实现它们。之所以感到焦虑，是因为我们心里明白，快

① **汤姆斯·特拉赫恩**（1636—1674）：英国作家，玄学派诗人。——译者注

乐扎根于别处，而无论我们的工作对于我们自己或他人而言有多重要，都是无法取代幸福的。但即便如此，我们仍然继续匆匆前行，继续埋首于工作之中，因为我们需要寻找存在感，而我们并非总能意识到，自己其实已经很重要了。”

你有没有夺得金牌、手捧格莱美奖杯或是戴上超级碗冠军戒指的经历？你有没有眼见自己的银行存款额逐渐上升到七位数？或许答案是肯定的，你的确拥有这些殊荣。如果是这样，那你就知道：这些东西虽好，却改变不了什么。它们只是你口袋里的几块金属、几张纸片，或是挂在墙上的几块牌匾而已。构成它们的物质既不坚固也不具有延展性，连灵魂中最小的空洞也无法填补。这些东西无法将人们的生命延长一分钟，不但如此，还有可能让人短寿呢！

这些身外之物也有可能让我们曾经乐在其中的事情变得乐趣全无。对于那些自觉不够好的人，对于那些看不到自己与生俱来的财富和在人际关系与社会经验中积累的财富的人，获取再多也于事无补。解决物质匮乏的目标是可以达成的，通过赚钱和存钱就能实现，对于这一点，没有人会有异议。但如果我们认为这些东西能填补精神上的匮乏，问题就出现了。

成就、金钱、名望、尊敬……这些东西积累得再多，也是无法让人获得满足的。如果你相信终有一天你会“功成名就”或得到满足，那你就有好瞧的了。比这更糟的，是一种类似于西西弗斯[①]

① **西西弗斯：**希腊神话中的人物，因触怒众神而被惩罚。他必须将一块巨石推上山顶，但每次未到山顶巨石就会滚回山下，如此永无止境地重复下去。——译者注

的折磨，当你刚刚感到目标触手可及的时候，目标却又朝着山顶微微上移到了你难以企及的位置。

身外的成就，是永远也无法让我们感到安稳的。知足源于内心，源于走下匆匆的列车，源于认识到自己已有的、与生俱来的财富。

能做到这一点的人，比任何亿万富翁更富足，也比任何君王更强大。

然而，我们并没有抓紧机会踏上这条通往力量的道路，而是选择了充满不满足和不安感的不断索取之路。玄沙师备禅师[①]曾说："汝诸人如在大海里坐，没头浸却来，更展手问人乞水吃。"我们认为自己需要得到更多，却没有意识到自己已拥有了丰富的资源。我们"为自己的家庭"埋头苦干，却没有意识到矛盾所在——正是因为工作，我们几乎失去了与家人共处的时间。

知足常乐。

有的人存在一种情有可原的担心，认为满足于现状便意味着职业生涯的终止——如果我们通过某种方式满足了这种渴望，那么工作和生活中的一切进展都会戛然而止。如果人人都心满意足，为何还在不断努力呢？首先必须指出的是，这种担心本身就不能算是一种理想的思维方式。没有人能在焦虑感的驱使下拿出最好的表现，也没有人应通过在内心培养不安全感来确保持续的收效。这不是勤奋，而是苦役。

我们来到世间一遭，不是为了成为工蜂，为了建造蜂房而被

① **玄沙师备禅师**（835—908）：俗姓谢，名师备，号宗一大师，福州闽县人，唐末著名禅师。他的门下后来形成法眼宗。——译者注

迫一次次履行职能，直到死去。我们也不必“为了”任何人而一直不停地忙碌下去，我们不欠粉丝，不欠信众，不欠为我们付出良多的父母和其他家人。把自己累死，对任何人都是无益的。

从一个良好的状态出发进行工作或创作，这是完全可能的。健康、宁静、成功是可以兼得的。

约瑟夫·海勒虽然认为自己所拥有的已经足够，但仍然坚持创作。在《第二十二条军规》之后，他又创作了六部小说（一位记者曾批评他后期的作品全都没有处女作精彩，他反问：“谁的作品能比处女作精彩？”），其中包括一部头号畅销书。他不仅教书，还创作戏剧和电影，高产得令人难以置信。在精神崩溃之后，约翰·斯图尔特·穆勒爱上了诗歌，遇到了那个后来成为他妻子的人，开始逐渐转向政治哲学，并最终对全世界产生了巨大的影响。的确，整个西方民主体制诸多改革的发生，都要归功于他。

而令人惊叹之处在于，对于这两个人来说，这些创造和洞见，都来源于他们心中更为纯净（也更为宁静）的那片土地。他们的目的不在于证明任何事，也无需讨好任何人。他们活在当下，目的纯粹，没有不安，没有焦虑，内心没有那种折磨人的渴求，也不寄望于在做的事情能让他们感觉完整或填补一向缺少的东西。

我们想要在生活中得到更多的是什么？这才是关键的问题。答案不是成就，不是名气，而是我们感到“足够”的一个个瞬间。

更多的活在当下，更多的身心清明，更多的洞见，更多的真知。

更多的宁静。

尽享自然之美

> 在崇高壮美之物面前，我们会震撼得浑身颤抖……它如此宏伟，是我们的大脑无法完全理解的。在片刻之间，这种震撼会让我们脱离自己那庸俗的自命不凡，让我们从习惯和平庸的紧扼中得以解脱。
>
> ——罗伯特·格林[①]

1944年2月23日星期三的早晨，安妮·弗兰克爬到她和家人一起躲藏了两年的配楼顶上的阁楼，去看望跟他们住在一起的犹太小男孩彼得。彼得忙完杂务之后，两人在安妮最喜欢的地方席地而坐，透过狭小的窗口看着两人被迫隔绝的世界。

蔚蓝的天空，光秃秃的栗树，在空中俯冲翱翔的鸟儿，让两人看得着迷，沉默无言。与他们所在的逼仄隔间相比，一切都是如此宁静，如此安详，如此开阔，仿佛世界并没有战火纷飞，仿佛希特勒并没有残杀数以百万计的民众，仿佛他们的家人没有每天活在随时可能丧命的危险中。

现实虽然残酷，但美能超越一切。安妮暗想道："只要这一切还存在，这阳光和万里无云的天空，只要我还能享受这一切，又怎么能够悲伤呢？"

安妮后来还在日记中写道，大自然仿佛是一剂灵药，能给任

---

① **罗伯特·格林**（1959—　）：美国作家，以关于战略、力量以及吸引力的著作闻名。——译者注

何苦难之人带来安慰。的确，无论是万物复苏的春天还是寒气袭人的冬日，无论是黑夜还是雨天，或是因为太危险而不能开窗，只能坐在令人窒息的闷热室内往外看时，安妮总是能从大自然中得到启发，打起精神，重新找回平衡。她写道："只要你肯去找，就会发现越来越多的快乐，重新寻回你的平衡。"

这句话是多么真切。大自然确实是平静和力量的源泉。

没有脚印的树林中，一个安静的女孩正趴在地上读一本书。一架飞机的机翼从云朵中掠过，机上疲惫的乘客已经酣然入睡。一个男人正在座椅上读书，一个女人已经进入梦乡，一位空姐正在放松自己的双脚。清晨粉红色的指尖划过山顶。一首循环播放的歌曲，它的节奏与事情发生的节奏不差毫厘地契合。在截止日期之前完成任务的喜悦。空空如也的收件箱所带来的暂时的清静。

这，便是至静。

在眺望格鲁吉亚首都第比利斯被草覆盖的高地时，罗斯·怀尔德·莱恩[①]写道：

> 这里只有蓝天，还有硬脆的草地让我听到的宁静。四周的空旷是如此完美，让我感到自己仿佛是其中的一部分，就连自己也变得空空如也；这一瞬间，我变得虚无——近乎全然的虚无。

① **罗斯·怀尔德·莱恩**（1886—1968）：美国记者、旅行作家、小说家、政治理论家。——译者注

指代这种状态的词语是 exstasis——一种精神仿佛脱离身体的美妙体验。只要我们想得到，这些美好的瞬间都是触手可及的。我们要做的，就是敞开心灵去迎接。

有这样一则关于百丈怀海[①]禅师的故事。一天清晨，他在寺院旁的农场中刚刚开始晨间的劳作，两个学生过来找他。学生请求他教导关于“道”的知识，他回答说：“你们帮我打开农场的门，我就给你们讲禅宗之道的法门。”两人完成任务之后，回来找禅师给他们讲课，禅师把脸朝向太阳刚刚露头的田间，将双臂朝着寂静而广袤的田野伸去，一句话也没有说。

这就是道之所在——自然。耕耘过的土地，生长中的庄稼，辛勤劳动带来的满足感，大地谱写的诗歌，完美如初，亘古不变。

并非所有的美都是这样显而易见。我们不能永远待在农庄或海滩上，也不能永远眺望一望无际的峡谷。正因如此，哲学家必须陶冶出诗人般的眼睛——这样才能具备随处发现美的能力，即使是在平庸或糟糕的境遇中。

马可·奥勒留给人的印象本是一位阴郁的斯多葛派学者，但他对美却有着如同诗人惠特曼一般的热爱。要不，他怎么能对平常生活有如此生动的描写：“烤好的面包裂开几道细缝，这些裂痕虽然不是面包师有意为之，却吸引了我们的注意，也勾起了我们的食欲”，或者“在成熟低垂的谷穗、狮子紧锁的眉头，以及野猪口中滴下的白沫”中，都有大自然的“魅力和诱惑”。即使是关于死亡，

① **百丈怀海**（约 720—814）：唐代禅宗高僧。——译者注

他也写下过这样的语句："在生命这短暂的历程中，与大自然和谐共处吧。优雅地来到你最终的安寝之地，就如熟透的橄榄从枝头掉落时，对给予它养分的土地予以赞美，也对让它得以生长的树木心怀感激。"

哲学家和诗人通过同样的方式看待这个世界，二者追寻着同样的目标，用托马斯·阿奎纳[①]的话来说，就是对"大千世界"的研究。

激进环保主义者、作家爱德华·艾比曾经说过，"荒野"这个词本身就是音乐。这音乐，我们想听的时候随时可以听到，无论我们住在哪里，无论我们做何职业。即使无法真的置身其中，我们也可以想象自己漫步在满地松叶的丛林中，沿着一条缓缓流淌的小河散步，或是感受着篝火散发出来的温暖。或者，就像安妮·弗兰克一样，我们只需透过窗口眺望屋外的一棵树。如此一来，只需感受，我们就能接收到宁静的力量。

在肤浅之物中寻找美，并不是灵魂健全的标志——无论是他人的阿谀、豪华的汽车、巨额的房产，还是闪耀的奖杯。因世界丑陋而黯然神伤，也不是灵魂健全的标志——批评者和仇恨者，无辜者所受的折磨，还有伤害、痛苦、失利。从每个地方和每件事物中寻找美，这才是上策。因为美确实无处不在，只要我们愿意，美就会给我们带来滋养。

猫咪在落满灰尘的汽车后备厢上留下的温柔的爪印。纽约清

---

① **托马斯·阿奎纳**（约 1225—1274）：欧洲中世纪哲学家和神学家，是自然神学最早的一位提倡者。——译者注

晨，从通风口中吹出的阵阵热气。雨点刚刚落下时柏油马路散发的气味。拳头不偏不倚地打入一只伸开的手时发出的重击声。用钢笔签订一纸关联双方的合同时发出的摩擦声。一只从一个可以轻而易举将之拍死的人身上吸血的蚊子的勇气。一个装满了从菜园里采摘的蔬菜的篮子。一辆开过繁忙道路的卡车，将路旁的垂枝平整截断。孩子带着疲倦的兴奋，在地上摆满玩具。一座规划方式几百年不变的城市，房屋参差错落，各具风格。

你感觉到宁静的功效了吗？

讽刺的是，在我们忙碌的生活中，宁静是稀缺而稍纵即逝的。这世界其实制造了无穷无尽的宁静，只是没有人去发掘罢了。

经历了精神崩溃、过度刺激和超载学习所带来的近两年的挣扎和抑郁之后，穆勒到底从哪里寻回了宁静？原来，是从威廉·华兹华斯的诗歌中。华兹华斯的诗歌的灵感又源于何处呢？答案是，大自然。

西奥多·罗斯福[①]的母亲和妻子去世后，医生让他到西部去，在北达科他州广袤的荒原中忘记一切。没错，泰迪是个猎手和农场主，也的确是条汉子，但要问他最大的两个爱好是什么，其一是静静坐在阳台上看书，其二是观鸟。日本人有所谓“森林浴”的概念——一种利用自然条件来疗愈心理和精神问题的方法。即使在担任总统之后，罗斯福也很少有一周不进行一次某种形式的森林浴的时候。

---

① **西奥多·罗斯福**（1858—1919）：即老罗斯福，昵称泰迪，荷兰裔美国军事家、政治家、外交家，第 26 任美国总统。——译者注

如果能像洗热水澡一样频繁地进行“森林浴”，我们会多么清净啊！如果能真正地去观察周围的一切，我们会多么安住于当下呀！

“沐浴”是一个意义深远的词语。水真是一种很神奇的东西，不是吗？水的样子，水的声音，水的感觉。对于那些寻找宁静的人来说，用真实的水将世界上的烦恼和纷乱冲洗干净，不失为一种好方法。在附近河里的一番畅游，禅宗庭院里突突冒泡的喷泉，我们痛失的爱人所在的墓园中一汪清澈如镜的小池。如果条件有限，即使是制造海浪奔涌之声的录音机，也有所助益。

对于那些因精神创伤或压力巨大的职业而心烦意乱，或是因现代生活的倦怠感而心情黯淡的人，约翰·斯蒂尔格[①]有一条简单的建议：

> 现在就出去。不只是走出房门，而是脱离程式化的电子时代将众人悄然包裹在其中的陷阱，到外面去，自由走动，然后放松下来，慢下来，四处看一看。不要慢跑，也不要快跑，而是把注意力放在田间小径、都市街道、郊区马路旁的一切上。漫步吧。闲逛吧。溜达吧。骑上自行车，悠闲地沿路滑行。去探索吧。

这里包含着宁静，而这宁静，永远就在你身边。

---

① **约翰·斯蒂尔格**（1949— ）：美国历史学家、摄影家，哈佛大学教授。——译者注

不要让生命的美好与你擦肩而过。将世界看成一座寺庙，让每一份体验都像教堂般神圣。赞叹所有这一切的存在，赞叹你自己的存在。即使我们会用毫无意义的战争彼此杀戮，即使我们会用毫无意义的工作自我残害，我们仍然能够随时停下脚步，沐浴在周围的美好之中。

让这美带给你宁静。愿这美洗尽你铅华。

相信的力量

平庸者看不到比自己高明的东西。

——阿瑟·柯南·道尔[①]

近百年来，匿名戒酒协会[②]的十二步恢复疗法中最艰难的步骤之一，并非勇敢地列出自己的道德缺陷或弥补过错，也不是承认自己有问题，寻找互助对象或参加戒瘾会议。

许多成瘾者——特别是那些觉得自己是“思想家”的人——最难完成的一个步骤，是接受神奇之力的存在。他们无论如何也不想承认，自己“竟然会相信，有一股比他们更为强大的‘力量’，能够让他们找回理智”。

这个看似简单的步骤，实际上非常困难。究其原因，并不是因为自匿名戒酒协会成立的1935年至今，世界离宗教渐行渐远。实际上，用AA的一位创立者自己的话来说，他是一个“激进的不可知论者”。承认神奇之力的存在之所以困难，是因为对于一位成瘾者所描述的“唯我独尊的病态心理”而言，臣服于自己欲望之外

① **阿瑟·柯南·道尔**（1859—1930）：英国作家、医生，代表作《福尔摩斯探案集》。——译者注

② **匿名戒酒协会**：即 Alcoholics Anonymous，简称 AA，是一个帮助个人戒酒的自愿自助组织，1935年成立于美国。——译者注

的任何事物，都是难以接受的。

“我不信上帝”是第二步中最常见的反对理由。“没有证据证明神奇之力的存在，”他们会说，“看看进化论，看看科学吧。”或者，他们会质疑神奇之力到底与戒瘾有什么关系。停止酗酒或吸毒，遵守其他十一个步骤不就行了吗？“宗教和信仰跟其他事有什么关系？”

这些问题似乎合情合理，却没有抓住关键。

这是因为，第二步的主旨不在上帝，而在于臣服，在于信仰。

记住，想要摆脱“用心太切”的状态——也就是阿波研造所认为的导致所有人（而不仅是成瘾者）偏离目标的力量，唯一的途径，就是从灵魂深处放手。

毫无疑问，成瘾是一种生物性疾病；从更实际的层面来看，成瘾是一个逐渐沉迷于自我、认为自己的冲动与想法至高无上的过程。因此，承认这世间存在比你更伟大的东西，不啻一种伟大的突破。这意味着一个成瘾者终于明白，自己并不是神，并不能掌控一切，也从来没有掌控过一切。顺便说一句，没有人能掌控一切。

十二步恢复疗法本身并没有什么神力，真正起作用的，是停下来，听从它、遵循它的决心。

如果仔细研究匿名戒酒协会的教材，你会发现它并没有指示成员必须信仰耶稣或者到教堂礼拜，而是只需接受“自己所理解的神灵”就行。也就是说，无论你信仰的是地球母亲、上帝、天意、命运或者偶然的机遇，决定权都在你手上。

对于斯多葛学派而言，他们眼中的神奇力量是“逻各斯”——也就是宇宙运行之道。他们承认命运和偶然，以及这些力量对他们的影响。承认这些神奇力量的存在，他们便能获得一种宁静、平和之心（最显而易见的原因是这种信仰意味着人们不必再为夺权而争斗），帮他们掌管帝国、挨过为奴或被流放的日子，甚至最终以更平和的姿态面对死亡。在中国哲学中，“道”是指宇宙的规律，是更高层精神的法则。希腊人不仅信仰众多不同的神灵，也相信每个人都有一个半人半神的精灵相伴，指引命运的方向。

孔子信仰“天”的理念，相信“天”会为世间的我们指引道路，赋予我们属于自己的角色或人生在世的意义。印度教徒认为“梵天”是宇宙的最高实体。在犹太教中，指代神灵的词语是“雅威 (יהוה)”。每个主要的美洲原住民部落都有各自用来指代“伟大灵魂”的词语，这神明是他们的创造者，也为他们指引方向。伊壁鸠鲁并不是无神论者，但他不接受存在一位专横或苛刻的神灵的观念。什么样的神会希望整个世界活在恐惧之中呢？他说，生活在恐惧之中，与心境的平和是相互矛盾的。

克里希纳所说的“思想在瑜伽祷告的宁静中安住”，也是在表达同一个理念。基督教徒认为上帝是我们生活中宁静的源泉，像河流一般将平静与祥和传递给我们。“住了罢！静了罢！”耶稣对海说。于是“风就止住，大大的平静了”。

只考虑自己的大脑，是没有平静可言的；满足自己的一切冲动、除了自己什么也不重视的身体和灵魂，也是永远与平静无缘的。

科学和技术的发展固然重要，但对于许多现代人而言，这却让我们失去了敬畏的能力，也无法认识到我们认知之外的力量。科技的发展，剥夺了我们获取灵魂宁静和虔诚的能力。

一个虔诚信仰上帝的简单淳朴的农民，日复一日地在一座会被伟大圣灵视为奇观的宏伟天主教堂中祈祷，我们真的能说，因为没有科技便利或对进化论的理解，这个农民的人生就不如我们吗？如果我们告诉一位12世纪的日本禅师，说未来的每个人都能拥有更丰厚的财富和更长的寿命，但对于绝大多数人来说，随之而来的是一种彻底的茫然和空虚，你觉得禅师会想跟我们交换人生吗？

这些听起来并不像是进步。

在1978年对哈佛学生进行的毕业演讲中，亚历山大·索尔仁尼琴[①]讲到了这样一个现代社会，其中无论资本主义还是社会主义的所有国家，都盛行一种“无灵性又无信仰的人文意识”。

> 在这种意识中，人类掌握着评判地球万物的准则——就是那些永远无法完全摆脱傲慢、自私、嫉妒、虚荣以及其他诸多缺陷的不完美的人类。人们在这段旅程的起点未能注意到的错误所带来的后果，现在正由我们承担着。从文艺复兴到现在，我们的体验虽然越来越丰富，却失去了对曾用来约束我们的冲动鲁莽的“至高无上的完美存在”的认知。我们将太多的希望放在政治和社会改革上，到头来却发现，精神财富这一我们最宝贵的财产，正在逐渐被剥夺。

---

① **亚历山大·索尔仁尼琴**（1918—2008）：俄罗斯作家。——译者注

现实主义固然重要，实用主义、科学思维以及怀疑态度也不可或缺，各有用途，但即便如此，你也必须有所信仰，必须如此，否则，一切都会变得空洞而虚无。

秉承着对天主教深刻而虔诚的信仰，喜剧人史蒂文·科拜尔度过了悲惨的童年，时至今日，他仍保持着这份信仰（在演艺生涯开始后的很长时间里，他仍坚持在主日学校授课）。在一场夺去了丈夫和两个儿子生命的空难中，他的母亲首当其冲地承受了主要的打击，她也成了科拜尔的榜样。“试着把这一时刻放在永恒的大背景中去审视。”她会这样告诉他。永恒，这是一个比我们更宏伟的东西，是一个我们理解范围之外的东西，是一个比我们渺小的人性所能预见的更加长远的东西。

类似的故事，我们在几乎所有信仰中都能找到。在我们回顾历史并惊叹于前人所经历的不可思议的艰难困苦时，很容易发现这些人都有一个共同点，这或许并不是巧合：他们都相信某种形式的更高层级的神灵。他们将生命中的这种精神支柱称为信仰。他们相信，有一只可靠的手放在命运之轮上，即使他们还无法领会，但在痛苦和折磨背后，一定有更为深远的目的或意义。绝大多数对世界做出贡献的人也有此信念，这并不是巧合。

改革者马丁·路德被传唤到法庭，要求他放弃信仰，并以公开谴责或可能判处死刑作为威胁。在等待出庭时，他用了几个小时做祷告。他深深吸气，清空脑中的焦虑和恐惧。他说：“我不能也不会放弃信仰，因为对于基督徒来说，昧着良心说话是很危险的。我就站在这里，这是我唯一的选择。愿上帝保佑我。阿门。”

那些因时局动荡而经历严酷考验的领导者，最终都在某种程度上虔诚地借助信仰和宗教来帮助自己渡过难关，这难道不是一种有趣的现象吗?

林肯的经历就是如此。和许多聪明的年轻人一样，在人生早期，他也是一位无神论者，但成年后的艰难险阻，尤其是痛失儿子的经历和美国内战的硝烟，让他变成了一个有信仰的人。肯尼迪一生绝大多数时候都对父母信仰的天主教嗤之以鼻，但当他面对核武器可能带来的灭顶之灾时，我们能够肯定，他一定在为此祈祷：

> 我就站在这里，这是我唯一的选择。愿上帝保佑我。

虚无主义是一种不堪一击的策略。在苦难面前，精神失常或是选择自杀的，似乎永远都是虚无主义者。（近些年来，因为太惧怕死亡，虚无主义者们又想方设法地寻求长生不老。）为什么会这样？因为虚无主义者不得不面对巨大的艰难险阻以及生命中潜在的虚无（和死亡），他们没有工具，只有自己的思想。这样的匹配简直不对等到了可笑的地步。

回到主题，如果历史上几乎所有的贤人都能达成共识，那么我们也应停下来好好想想。想要找到一个不谈及任何一种（或是多种）神奇力量的古代哲学学派，几乎是不可能的事。这不是因为先人拥有神奇力量存在的“证据”，而是因为他们明白信仰和信念的力量，及其对于达到至静状态和内心平和的重要性。

基要主义的学说则有所不同。伊壁鸠鲁是正确的——如果上帝存在，怎么可能让你对他抱以惧怕的态度呢？怎么会在意你穿的衣服或是每天对他表达几次敬意呢？对纪念碑或是人们充满恐惧的祷告，又会有什么兴趣呢？从最纯粹的角度而言，对于任何一位父母或是任何一位造物主来说，唯一重要的，是自己的孩子能够找到平静、意义和目标。他们将我们带到世上，绝不是让我们互相批判、互相控制或互相杀戮的。

然而，我们绝大多数人所面对的并不是这个问题，困扰我们的是怀疑主义，是让我们误以为自己就是宇宙中心的狂妄自大。正因如此，美国学者纳西姆·尼古拉斯·塔勒布[①]的话才如此一针见血："我们并不需要相信上帝是伟大的，我们只用相信上帝比我们伟大就行。"

就算我们是进化和偶然的产物，不也正与斯多葛学派的立场相契吗？受制于引力法则和物理学的我们，不是已经接受了一种无法解释的神奇力量的存在了吗？

我们对周围世界的掌控微乎其微，这个世界是由千万个难以解释的事件组成的，能像现在一样运行，真像是有神灵操纵一般。

从一定程度来说，这种信仰的目的是驾驭思想。通过让头脑从一个真正正确的角度看待事物，让思想安静下来。谈到接受神奇力量的存在时，常会用到的语言是"让他/她/它进入你的心

---

① **纳西姆·尼古拉斯·塔勒布**（1960— ）：风险管理理论学者、安皮里卡资本公司创始人，著作有《黑天鹅》《反脆弱》等（中译本已由中信出版社出版）。——译者注

里”，就是这么简单。关键在于，要摆脱我们的智识和直观经验的专制，去接受某种更伟大的、超越我们自身的事物。

或许你还没有为此做好准备，这也没关系。不必着急，你只需知道，你随时可以迈出第一步，当你准备好时，它会帮你恢复清醒和理智。

拥有亲密关系

如果无人分享，拥有再有价值的东西也无法乐在其中。

——塞涅卡

20 世纪 60 年代，创作歌手约翰尼 · 卡什在第一次婚姻破裂后，从南加州搬到了田纳西州。在新家的第一个晚上，孤单又抑郁的他开始在房子的一楼来回踱步。这是一座几乎没有任何家具的巨大宅子，夹在陡峭山坡和老希科里湖之间。他从房间一头走到另一头，从靠山的一边走到靠湖的一边，他近乎发狂地感觉到，仿佛有什么东西缺失了。

"缺失的东西是什么？"他想。"这东西在哪儿？"他一遍又一遍地问自己。是不是忘带什么东西了？是不是有什么必须做的事情？到底出了什么问题？

突然之间，他恍然大悟。缺失的不是某件东西，而是一个人，是他的小女儿，罗珊。罗珊不在他身边，而是和她的母亲一起待在加州。没有家人的家，算不上真正的家。约翰 · 卡什停下脚步，撕心裂肺地大喊着罗珊的名字，然后倒在地上，抽泣起来。

从一定程度来看，通过培养对于他人的超脱和冷漠，哲学帮助我们规避的正是这类愤怒。如果不让自己依靠任何人，如果不允许自己脆弱，你就永远不会失去别人，也永远不会受伤。

有些人的确会尝试这样的生活。他们发誓守住贞操或承受孤独，或是尽力将亲密关系简化为一种交易或功能。有的人会因曾经受过伤害而筑起心墙，还有的人会因为自己天赋异禀而将所有精力用在工作上。他们说，这是必要举措，因为他们有更高的使命。比如说，佛陀未经道别就离开了他的妻子和年幼的儿子，因为对他来说悟道是更加重要的事。

没错，每个人都应该做出对自己而言正确的选择。但即使如此，茕茕孑立的状态也存在严重的问题，而且是极为可悲的。

的确，亲密关系需要时间，不但要求我们袒露自己，也会分散精力，给我们带来精神上的痛苦和金钱上的损失。

没有亲密关系，我们的存在也就没有意义。

消极的关系随处可见，而积极的关系则不可多得。这有什么令人费解的呢？与他人的亲密接触和交流，对于我们灵魂的方方面面，都是一个挑战。

尤其是当我们的内心幼童无理取闹时，当我们因淫欲和贪婪而分心时，或是当我们的自私把心占满，难以再容下另一个人的时候。

世界上的诱惑让我们误入歧途，而我们的嗔怒又会让所爱的人受伤。

一段美好的关系需要我们心地良善，忠诚可靠，活在当下，将心比心，慷慨大方，坦诚相待，愿意成为一个更大的整体的一部分。想要收获成长，我们就必须真真正正地把自己交出去。

没人能说这是件容易的事。

但是，迎接这个挑战——即使只是为之付出努力，也会让我们脱胎换骨，只要我们允许这个过程发生。

有钱有名的人比比皆是，但对于你生命中的人而言，只有你才能担任父亲、母亲、儿子或是灵魂伴侣的角色。

亲密关系的形式有许多种：导师与徒弟、父母与孩子、配偶、挚友……

就算像有些人论断的那样，维持这些关系会或多或少地让人在物质或创意上获取的成功打折扣，但是，这样的交换难道不值得吗？

“怎么会有人愿意被世界上所有的财富包围，享受生活中的一切荣华富贵，却无法去爱任何人，也得不到任何人的爱呢？”这是古罗马哲学家西塞罗在两千多年前提出的问题。时至今日，这个问题仍在我们耳边回响。

即使是心灵宁静的典范之人，也难以精准把握人与人的关系对其职业可能产生的影响。2016年，在一次引起争议的访谈中，玛丽娜·阿布拉莫维奇解释了她保持单身和不要孩子的抉择。她说，这些对她的艺术而言会造成毁灭性的打击：“一个人的精力是有限的，如果不单身，我就不得不把精力分开来用。”

一派胡言。

但这一派胡言，却被无数有野心和抱负的人牢记于心。

即使只是匆匆扫一眼历史和文学，也会对他们大有裨益。德国总理安格拉·默克尔的丈夫就一直坚定地给予她支持，她说，丈夫对她的成功至关重要，她依赖于他所给的建议。格特鲁德·斯坦[①]也得到了她的人生伴侣爱丽丝·B. 托克拉斯的不懈支持。一直以来，居里夫人都对爱情嗤之以鼻，直到她遇到了皮埃尔，并以身相许，携手合作，最终赢得了诺贝尔奖。谈到自己最伟大的著作《论自由》时，约翰·斯图尔特·穆勒说，他的夫人"激发了我最优秀的作品的灵感，在一定程度上，也是这些作品的合著者"。饶舌歌手杰梅因·科尔曾说，作为一位音乐家，他所做的最伟大的一件事，就是成为一位丈夫和父亲。他说："为肩负义务以及在生命中对另一个人——也就是我的妻子——负起责任，我为自己制定了一套纪律，而这，是我做过的最好的决定。"

独自一人追寻的宁静，并不是最好的宁静。像成功一样，与人分享的宁静才是最可贵的。我们都需要比我们自己更了解自己的人，即使这只是为了让我们保持品行的端正。

亲密关系虽然不是提高效率的妙方，但爱和家庭与任何事业都不是水火不容的，这个认知本身就是一种突破。无论是从事业上还是个人生活上来说，你能做的最正确的抉择，就是找到一位能够与你互补、给你支持、让你变得更好，而你也能给予对方相同回报的伴侣。但是，选择与此相反的伴侣或友人，对你的职业和幸福而言都是一种危害。

缺少亲密关系，只专注于成就，这样的人生是空虚而无意义的（也是不稳定而脆弱的）。以工作和做事作为唯一重点的生活，

---

① **格特鲁德·斯坦**（1874—1946）：美国小说家、诗人、剧作家、理论家和收藏家。——译者注

是毫无平衡可言的；的确，这样的生活需要不断的活动和持续的忙碌作为支撑，才不至于分崩离析。

作家菲利普·罗斯在晚年时曾自豪地谈起独居生活，除了自己的需求之外，他对任何事物都无需操心或负责。他曾经告诉过一位采访者，说他的生活方式意味着他可以随时为工作待命，除了自己，他不必等待或照顾任何人："我就像一位急诊室医生，而我自己就是急性发作的疾病。"

这可能要算一个不自知的人所说出的最令人扼腕的话了。

天主教修女多罗西·戴曾经讨论过我们每个人都会体验到的漫长的孤独，这种苦难唯一的解药，就是爱与亲密关系。尽管如此，有些人竟然有意往自己身上施加这种痛苦！他们剥夺了自己关爱别人并得到别人关爱的机会。

这个世界将如此多的狂风暴雨倾泻在我们身上。那些决心像一座孤岛一样度过一生的人，是最容易受到狂风暴雨的侵袭和蹂躏的。

2001 年 9 月 11 日，乘客布莱恩·斯威尼受困于被劫持的美国联合航空公司 175 号航班上，飞机朝世贸中心南塔冲去。他用飞机座椅背后的一部电话打给妻子，告诉她情况并不乐观："我想告诉你，我全心全意地爱你。"他在语音留言中告诉她，"我希望你能做善事，能享受生活，也同样祝福我的父母。等你到天堂后再见"。想象一下，这是多么恐怖的一刻，但在他通过电话传来的声音中，却没有一丝恐惧。

1861 年，在手下的联邦军队将要向弗吉尼亚州马纳萨斯进军的前几天，仿佛已经确信自己会战死沙场的沙利文·巴卢少校写了人生的最后一封信，信中也包含着同样的平和与镇静。“萨拉，”他写道，“我对你的爱至死不渝。这爱仿佛用一条神圣的锁链将你我牢牢系住，只有全能的主才能摧毁它；然而，对祖国的热爱却像一阵强风刮过，不容抗拒地让戴着锁链的我来到战场之上。和你一起度过的幸福瞬间如潮水般涌上心头，能够在这么长的时间里享受如此幸福，我从心底感谢上帝，也深深地感谢你。”

陀思妥耶夫斯基曾把妻子安娜形容为一块能让他依靠、供他休憩的石头，一道支撑他、为他抵御寒冷的墙壁。这是对爱最好的形容，无论是伴侣、朋友，还是父母与孩子之间的爱，都是如此。弗洛伊德说，爱是最伟大的教育者。我们给予爱时会有所收获，获得爱时也会有所收获。通过爱，我们离宁静又近了一步。

与所有优质教育一样，爱不是一门容易的学科，绝对不是。

人们说，爱是用时间构成的。也有人说，爱是由努力、奉献、困难、承诺以及偶尔的疯狂构成的。

但是，爱永远都打着收获的烙印，即使是那些已经终结了的感情。

那是两人同坐在门廊秋千上的宁静，是一个拥抱、最后一封信、一段回忆、飞机坠毁前的一通电话带来的宁静，也是传递爱心、教授、学习以及并肩共处所带来的宁静。

自我封闭或完全以自我为中心能够带你进入至高无上的开悟状态，这种认识不仅不正确，也忽略了一个显而易见的事实：有谁会去关心你的那些成就呢？没有孩子，你的房子或许显得更加安静，没有人在桌前等你共进晚餐，你或许能工作更长的时间，但是，这样的静谧是空洞的，这样的安逸也只是虚无的。

不为他人、只顾自己地度过此生？认为我们可以也必须孤身一人面对一切？为一己之利而积累才能、财富和权力？这些有何意义呢？

孤身一人，我们只能发挥自身潜力的一小部分。

孤身一人，怅然若失的感觉如影随形，更糟糕的是，这感觉还会深入我们的骨髓之中。

正因如此，宁静需要别人的参与；实际上，宁静因他人而存在。

学会制怒

不轻易发怒的，胜过勇士；治服己心的，强如取城。

——《旧约·箴言》

2009年，迈克尔·乔丹入选篮球名人堂。这一殊荣，为一段包含了6届美国职业篮球联赛总冠军、14次入选全明星队、2枚奥运金牌以及篮球史上场均最高分的伟大职业生涯，画上了完满的句号。

身穿银色西服、单耳戴着招牌式耳环的迈克尔登上讲台，一上台便热泪盈眶。他打趣说，他原本打算简简单单地接受殊荣，说声感谢，然后就回到座位上。但他没法这样做。

他有些话想说。

接下来，不必再向谁证明自己、有那么多的感恩可以细数的迈克尔·乔丹，却给出了一段令人难以置信的演讲，他用了将近半个小时的时间，将他在职业生涯中受到的每一次蔑视一一列举并逐个回应。他站在讲台上，用佯装轻松却难掩情感和愤怒的语调，宣泄了他对在媒体上与他唱反调的人的不满，还抱怨说，在1981年接受《体育画报》的采访时，他在北卡罗来纳大学的教练迪安·史密斯竟没夸赞他是个前途无量的大一新生。他甚至连给孩子们买颁奖典礼门票的钱也算得清清楚楚。

对自己的家人美言几句之后，乔丹便点出观众席里一个名叫勒罗伊·史密斯的人，差不多31年前，这位球员曾经“占用”过迈克尔的些许比赛时间。乔丹知道，许多人都认为他从高中球队落选一事只是传闻。“我落选后，勒罗伊·史密斯进入了校队，他今晚也在场，”迈克尔向大家解释说，“他还是两米的身高，完全没有再长，可能他的球技跟以前比也没什么长进吧。我的整个职业生涯因他而起，因为当他入选校队而我落选时，我不仅要向勒罗伊·史密斯和我自己证明，也要让挑走了勒罗伊而不选我的教练彻底明白——老兄，你判断失误了。”

这段话是让我们瞥见迈克尔的思想的一扇明亮的窗口，原因有几个：第一，这让我们看到，他是如何将一个正常的决定扭曲成对其自我价值的极大蔑视的。乔丹并没有被踢出任何球队，他和勒罗伊都参加了校队同一席位的选拔，其中一个人入选了，但这并不代表另一人被“砍”——低年级学生无法进入高年级队，这本来就是情理之中的事。第二，这也并不是对他个人能力的评判，勒罗伊有2米高，而当时的迈克尔只有1.8米。第三，这番言论也显示出他那幼稚的自我沉迷，就仿佛勒罗伊和他的教练不是自己人一般，他们一位是他本该为其高兴的队友，另一位则是他本应讨教的教练。

但是，乔丹却选择了心怀怨念。

怨言变得越来越刻薄和有针对性，观众们的尴尬也几乎写在了脸上。迈克尔还一度提到了杰里·克劳斯在1997年发表的一次讲话，说他在讲话中曾表示，“赢得冠军的是机构”，而不只是球员个人。对于公牛队总经理这一不失为实话的无心之语，迈克尔嗤之以鼻，并解释说，作为回击，他特意没有邀请克劳斯来参加典礼。他自豪地提起，他曾经将先后担任过湖人队、尼克斯队和热火队教练的帕特·莱利赶出夏威夷酒店套房，因为他自己想要住在里面。

朋友们理解，迈克尔的本意是希望这次演讲对人有所启发。他没有简单表达几句谢意，而是想要告诉大家，如何才能培养出胜利者心态，这一路有多么艰难，需要付出多少心血。他想阐明愤怒有着怎样的作用——受到轻视、遭人低估、别人不按自己的方法做事，这些，都让他成为一位更强的球员。

问题在于，他传递出的信息却几乎完全与本意相反[①]。没错，他的确让大家看到，愤怒是一剂强有力的燃料；但他也向大家展示，在自己或周围人身上引爆这种燃料有多么容易。

毫无疑问，在乔丹的职业生涯中，愤怒的确曾经对他起过积极作用，也让他的球技有所提高。但是，这愤怒也是一种愚蠢的表现，伤害了他自己，也伤害了他的队友（比如曾被他暴力对待或严厉苛责的史蒂夫·科尔、比尔·卡特赖特以及夸梅·布朗）。他的愤恨对马格斯·博格斯等对手的自信心造成了残酷的打击。（在 1995 年季后赛上给出罚球时，他曾对这位身高 1.6 米的对手说：“尽管投吧，该死的侏儒。”）在 1989 年的训练营中，乔丹在欢庆胜利时

---

① 所有人都这样认为，除了泰格·伍兹。他告诉自己的高尔夫球教练：“我懂他的意思。想要变得和迈克尔·乔丹一样优秀，就要付出这样的代价。你必须不停寻找方法，让自己不断前进。”伍兹在拉斯维加斯接触赌博，乔丹也要负一部分责任。

用手肘将一位名叫马特·布拉斯特的新球员撞昏，也断送了他加入美国职业篮球联赛的梦想。

乔丹的比赛虽然漂亮，但他的举动往往野蛮而丑陋。

迈克尔·乔丹胜利的秘诀，难道真的是愤怒吗？（让他在翌年加入自己梦寐以求的校队的原因，是愤怒还是长高了10厘米？）这股怨念是否像寄生虫般侵蚀着他，让他无法真正享受自己的成就？（汤姆·布雷迪[①]也赢过很多场比赛，但他既不刻薄也不愤怒。）

回溯历史，以愤怒为主要驱动力的领袖、艺术家、军官和运动员不仅容易失败，而且即便不失败，也更容易陷入沮丧和痛苦之中。在白宫任期的最后几个小时中，曾经对常春藤大学校友、记者、犹太人等诸多群体都心怀怨念的尼克松，却全然不自知地对其忠诚的团队成员说出了这番自恃高洁的话："永远记住，别人或许会记恨于你，但除非你反过来记恨对方，否则那些恨你的人是不会得逞的。一旦记恨对方，你就毁了你自己。"

他是对的。他自己的下台，正证明了这一点。

我们真正敬重的领导者，那些在人群中出类拔萃的佼佼者，是不会只以愤怒或仇恨作为自己的驱动力的。从伯里克利到马丁·路德·金，我们发现，伟大领导者的驱动力是爱、祖国、同情心、命运、和谐、卓越、理想主义以及家庭。

即使在乔丹的例子中，他最为鼓舞人心的时刻，也不是他想要压倒别人的时候，而是他凭借内心的热爱去打球的时候。他的每

① **汤姆·布雷迪：**美国职业美式橄榄球运动员，场上司职四分卫。——译者注

一枚总冠军戒指，都要归功于被称为篮球界“禅师”的菲尔·杰克逊教练的督导和培训。

乔丹并未受过与尼克松一样的痛苦折磨，也不是一个从未品尝过欢乐或幸福滋味的人。尽管如此，这段发言仍然让人震惊。他将如此多的愤怒和痛苦锁进了灵魂深处的柜子，积累到一定程度时，柜门爆裂，它们倾泻而出。

塞涅卡认为，从根本上说，愤怒会阻止我们实现目标。有时，愤怒虽然能暂时帮助我们在某些领域取得成功，但从长远来看却具有毁灭性。如果变得优秀无法让我们感到满足、快乐、幸福，何时才算足够呢？就像乔丹的例子让我们看到的，想要取胜，竟然需要我们不断品尝失败者的滋味，这真是一桩奇怪的交易。跻身为世界一流人才的回报，不应是成为将伤口暴露在外的极度敏感之人，或成为一颗一天被触怒一千次的“炸弹”。

而对于那些愤怒如烈火般爆发而非缓缓酝酿的人呢？塞涅卡曾经写道：

> 没有比愤怒更令人智昏的东西了，也没有比愤怒更能自我毁灭的力量了。如果成功，愤怒会变本加厉；如果失败，愤怒会更加激烈——因为它不会因疲倦而消停，若命运为它将对手铲除，愤怒便开始反咬自己。

愤怒会产生适得其反的效果。时而大发雷霆，时而对周围人的无能勃然大怒——这或许会带来一时新鲜的刺激，甚至能带来些许慰藉，但很少有人会去计算这些愤怒给未来造成的麻烦。即使事后道歉或利大于弊，但伤害已经造成，后果会随之而来。我们曾经大声训斥的人现在变成了敌人，我们在狂怒时弄坏的抽屉现在成了心头之患，还有高血压和劳损的心脏，让我们离那最终会让我们入院或入土的心肌梗死越来越近。

对于那些触犯我们的事情，我们可以假装听不见或看不见。我们可以选择放缓脚步，让极端情绪慢慢变淡。对于那些明知容易让我们感到沮丧或愤怒的环境和人（甚至整座城市），我们可以选择避开。感觉体温上升时，我们需要寻找所谓的“插入点”（也就是刺激和回应之间的空间），借此机会起身离开，提醒自己“我脾气上来了，还是不要失去理智为好”或者“这件事并不重要，不要抓住不放”。我们甚至可以想一想罗杰斯先生关于愤怒的一段歌词：

当你要发脾气时
及时制止才妥当
尝试做做其他事
再把歌词心里唱

人在气头上的时候，这样的歌词或许会显得可笑，但是，它难道会比一个成年人为一次无足轻重的怠慢而失控更愚蠢吗？难道会比说出或做出可能会让我们后悔一辈子的事更糟糕吗？

减少悔恨虽然是个重要因素，但并不是控制情绪的出发点。重点在于，受愤怒驱使的人是不快乐的，也是静不下心的。他们会成为自己的敌人，不仅让自己在别人心目中的形象打了折扣，也使自己实现目标时容易“短路”。

佛教徒认为，愤怒就像我们心中的猛虎，用利爪撕扯着我们的身体。想要有机会获得清晰思维、长远视角和它们所带来的宁静，我们就必须在猛虎毁灭我们之前将其驯服。我们对欲望要多加留心，对愤怒则一定要加以克制，因为愤怒伤害的不仅是我们自己，还有其他人。虽然斯多葛学派常常因其严苛的教条和准则而受人批评，但他们真正追寻的，其实是内在的正直和分寸，以此保护他们自己和所爱之人不受危险激情的伤害。

很显然，篮球是迈克尔·乔丹的一个庇护所，是一项他热爱并给了他诸多满足感的事业。但在追寻胜利和主宰的过程中，他也将篮球变成了一道敞开的疼痛伤口，仿佛永远流血不止，永远在隐隐作痛。这道伤口很可能让他失去了更多本该属于他的冠军席位，也让他无法静静享受马萨诸塞州斯普林菲尔德篮球名人堂的那个特殊的夜晚。

这不可能是你想要的状态。你也不会想成为这样的人。

正因如此，我们必须赶走愤怒，用爱、感恩以及善心来代替。我们的宁静来源于慢下来，不嗔怒，并选择其他燃料作为我们的驱动力。这全新的燃料不但能帮助我们成功进取，也不会伤及他人，不会挫败我们的目标，更不会让我们与宁静无缘。

一切即一

你所见的一切，构成神和人的一切，皆为一体——你我都是同一伟大整体的一部分。

——塞涅卡

1971年，宇航员埃德加·米切尔进入太空。在38万千米的高空，俯视着如同一颗湛蓝玻璃珠的地球，他感到有什么东西涌上心头。他后来说，那是“一种顷刻而至的全球意识，以人为导向的情怀，对世界现状的强烈不满，以及一股想要采取行动的冲动”。

从如此远的距离看去，地球上的纷纷扰扰顿时显得微不足道。国家和种族之间的分歧都消散了，小问题带来的虚假的紧迫感也消失不见，剩下的，是与万事万物的相联和相惜。

从飞船安静的无重力座舱中看向地球，米切尔只想拽住每个自私政客的领子，把他们拉到天上，指着地球说：“好好看看吧，你这混蛋！”

他并不愤怒，反而从未如此镇定和平静过。他想让那些人（也就是那些本应代表公民利益行使权力的领导者）得到和他同样的领悟：我们是一体的，每个人都是整体的一部分，这才是世界上唯一重要的事。

基督教中形容这一情感的词是“基督之爱”，指的是一种来自更高力量的爱的狂喜，以及得到如此恩泽的机遇和好运。如果你亲眼目睹过贝尼尼的《圣特蕾莎[①]的狂喜》雕塑，你便能感受到这种爱在现实中的表现：一位用箭刺入特蕾莎心口的天使脸上温柔的笑容，天空中洒下的金色阳光，特蕾莎紧闭的双眼和半张着的嘴巴，因为她能体会并知晓那为她而存在的深沉的爱与联结。

无论是太空的远观、宗教的顿悟，还是静谧的冥想，对于理解我们每个人息息相关、大家共为一体这件事，都能提供一种令人脱胎换骨的体验。

随之而来的，是极致的平和与宁静。

有了这种认识，我们便能摒弃自私自利——这是我们生活中诸多困扰的根源。

希腊语中有“交感”（sympatheia）一词，指的是过去、现在和未来的万事万物之间的相互依存和相互关联。希腊人认为，这个地球上的每一个人都扮演着一个重要的角色，也应该为此得到尊重。约翰·凯奇也是因为有了相同的理解，才会接受自己独特而古怪的音乐风格——比如那首 4 分 33 秒长的无声之歌，而不是努力模仿他人。“将整个人类看作一体，”他写道，也就是将我们每个人看作同一个整体的独立组成部分，“这种视角能够让我们看到，独创性是不可或缺的，因为，双手所擅长的事情，就不必让眼睛去做了。”

从真正符合哲学的视角来看，不只独创性不可或缺，我们每

① **圣特蕾莎**（1515—1582）：西班牙修女，天主教神秘主义者。——译者注

个人都是不可或缺的。即使是那些你不喜欢的人，那些让你大为光火的人，那些浪费人生、坑蒙拐骗、违法犯罪的人，都是不可或缺的，他们都是那个伟大整体的组成部分。我们应该尊重他们，或者至少去理解他们，而不该试图反对或改变他们。

因以超越道德的视角研究权力与诱惑而闻名的罗伯特·格林，在其著作《人性法则》中特地写到了“同乐”（mitfreude）的必要性，也就是主动为他人祈福，而不要“幸灾乐祸”（schadenfreude），即不要主动祈求厄运降临于他人。我们可以积极践行宽恕，尤其是对那些伤害过我们内心幼童的人。对那些持不同意见的人，我们则可以寻求理解。Tout comprendre c' est tout pardonner.（理解一切就是宽恕一切。）热爱一切就是接受一切，包括你自己。

选一个你非常在意的对象，可以是一件你珍爱的物品、一个你深爱的人，或是一段对你意义重大的经历。体会这种感情，体会想到这些人、事、物时心头涌现的温暖，然后想象一下，每一个人，包括监狱里的死刑犯以及那个刚刚在超市里推了你一把的混球，都对生活中的某些人、事、物抱有同样的感情，这是我们与这些人共有的体验。与我们共享体验的不仅是这些人，还有世界上存活过的每一个人。这种体验，将你与克莉奥帕特拉、拿破仑以及弗雷德里克·道格拉斯[①]紧紧相连。

对于痛苦，我们同样也可以这样看待。无论你在某个时刻的感觉有多糟糕，那都是一种人类共有的情绪，是一种与他人之

① 均为历史人物。克莉奥帕特拉是埃及女法老，拿破仑是法国皇帝，弗雷德里克·道格拉斯是美国政治家和演说家。——译者注

间的联通。与伴侣争吵后走出家门散步的男人，为永远都在找麻烦的孩子而牵肠挂肚的母亲，为从今以后该如何挣钱而忧心忡忡的商人——该如何支撑下去呢？为失去父母而悲痛欲绝的一对兄妹，因希望自己的国家避免一场不必要的战争而关注时事的普通公民。

无论身处欢乐还是悲哀之中，没有人是孤单的。在这条街上，在大洋彼岸，在说另一种语言的人群中，总有一个人正在经历着几乎与你完全相同的体验。过去一直如此，未来也将永远如此。

利用这一点，你也可以与你和你的生活产生更紧密的联系。无论是喜是悲，你今晚所见的月亮，与你还是一个懵懂孩子时所见的是同一轮，与你变老之后所见的亦是同一轮，而未来你的孩子们带着自己的悲喜、在自己的生活中所仰望的，也是那一轮明月。

如果能从自己或喜或悲的切身体验中撤出一步，你便能够感知他人的体验，这或许能加深你与他人的联系，或许能缓解你自身所感受到的痛苦。我们都是拧成同一股长绳的丝线，这股绳子串联着我们之前的世世代代，将每块大陆和每个国家的所有人系在一起。我们都在思考和感受同样的事情，由同样的物质构成，被同样的动力所激励。我们都是星尘之子。志向远大或灵感迸发之人往往会活在自己的头脑和幻想之中，因此，没有人比他们更需要明白这一点了。

在差异中寻找普遍性，在普遍性中寻找差异，这不仅是艺术、领导力甚至创业精神的秘籍，也是找到自我平衡点的法宝。它不仅能降低世间的噪声，也能让我们与先贤和哲学家们长期所处的宁静智慧的频率产生共振。

这种万物联通和万物统一的理念，不仅适用于人类。不久前，哲学家玛莎·努斯鲍姆指出，人们对于“生而为人的意义”的执迷，包含着很多自恋因素。一个更准确、更开放、更脆弱也更全面的问法，应是寻求生活或生存本身的意义，这毫无疑问。她这样写道：

> 我们与千千万万有情众生共享同一个星球，每种生命都有自己复杂的存在方式。正如亚里士多德在很早以前探讨过的，每一种动物都在努力生存并繁衍更多的后代。所有动物都有感知，所有动物都有欲望。几乎所有的动物，都在为了满足自己的渴望和需求而四处奔波。

我们与这些生物拥有几乎相同的DNA，我们呼吸着同样的空气，在同样的陆地上行走，在同样的大海中畅游。我们密不可分，彼此相连，我们的命运也同样相互缠绕。

越不迷信人生的特殊性，我们就越有能力去理解周围的环境，并对其有所贡献；越不被自己的私欲遮蔽双眼，我们就越能清楚地体察周围其他生物的需求，也能够更好地了解我们所在的更大的生态系统。

平静就是意识到，成功和失败只是一长段光谱上几乎相同的两个点；平静能让我们为他人的成功感到喜悦，也让他人从我们的成功中汲取快乐；平静鼓励我们成为善良之人，对其他物种宽厚以待，因为我们知道，善待别的生物，也是善待自己的一种方式。

我们共同构成一个有机整体，共同推动一项永无止境的事业。万物为一，万物同一。

尽管如此，我们往往会忘记这一点，并因此迷失自我。

继续前进

以约失之者，鲜矣。

——孔子

L’essentiel est invisible pour les yeux.

（本质的东西，用眼睛是看不见的。）

这句挂在弗雷德·罗杰斯墙上的箴言，实际上只是整句话的一部分。完整的句子出自《小王子》这部美好而梦幻的童话，作者为二战英雄、法国飞行员安托万·德·圣埃克苏佩里。在书中，狐狸对小男孩说：“我把我的秘密告诉你，它很简单：只有用心，才能看见，本质的东西，用眼睛是看不见的。”

我们首先追求的，往往是思想的清晰，但我们很快就意识到，想要达到至静，灵魂也必须处于同样良好的状态。思想的清晰与灵魂的清晰彼此协调，我们才能既取得成就，也找到牢不可破的宁静。思想与灵魂并用，我们才能让眼睛必须看到的重要事物浮现出来。

你会发现，审视自己的灵魂要比清理杂念更加困难。这需要我们一层层剥开作家马克·曼森所说的“自我意识的洋葱”，对自己的情绪和冲动担起责任。每一个有此经验的人都会告诉你，有洋葱的地方，往往也会有眼泪。

尽管如此，排球冠军凯利·沃尔什·詹宁斯仍然认为，让她在球场上叱咤风云的，正是这触及心灵柔软之处的东西——回归自我，寻找平衡和意义，培养美德。

一些古老的文化认为，灵魂存在于我们腹中。这个观点之所以适用于我们在这里所讲的内容，原因有二：一是我们刚刚蹚过了这段旅程的“腹地”，二是这与我们接下来的内容相吻合。

宁静不只是一种抽象的概念——某种我们只能思考和感受的东西，宁静也是一种真实的存在。它就在我们的身体之中。塞涅卡曾警示我们：“不要以为当身体静止时灵魂也同样安宁。”真实情况恰恰相反。老子也曾说：“动者静之基。”

我们接下来要谈论的是至静状态的最后一个领域。这是我们的存在形式在日常生活中的体现，即我们的身体（不要忘了，我们的心灵和大脑都存在于身体之中），还有身体所在的环境以及身体所遵循的习惯和节律。

疲劳过度或是遭到滥用的身体，不仅与宁静无缘，还会衍生出波及我们余生的种种混乱。负担过重或是未经呵护的思想，容易受到恶习和腐化的侵蚀。苟且而怠惰地活着，是灵魂空虚的表现。我们可以在积极主动的同时保持宁静的心态。没错，想要让至静有意义，我们就必须活力十足。

生活艰辛，命运无常，容不得我们软弱无能甚至不堪一击。我们必须强健体魄，锻炼好身体这一承载思想和灵魂又受制于变幻无常的外部世界的容器。

因此，我们接下来就进入至静的最后一个领域——身体，并探讨身体在现实世界和现实生活中的意义。

第三部分 身体

我们都是雕塑家和画师，原料便是我们自己的皮肤、血液和骨骼。

——亨利·戴维·梭罗[①]

① **亨利·戴维·梭罗**（1817—1862）：美国作家、哲学家，代表作《瓦尔登湖》。——译者注

探索身体之域

温斯顿·丘吉尔的一生成绩斐然。

他 22 岁时首次目睹战事，并在不久后完成了他的第一本畅销书。26 岁时，他当选议员，并在接下来的 65 年里为政府效力。在一生的历程中，他完成了 40 多部、超过 1000 万字的著述，绘制了超过 500 幅画作，进行了大约 2300 次演讲。在这些事情之余，他还成功担任了英国的国防部长、海军大臣、财政大臣以及众所周知的首相一职，在位期间，他为全世界免遭纳粹荼毒立下了汗马功劳。

“这是一个奋进的时代。”年轻的丘吉尔曾经在给母亲的信中这样写道，“所有人必须一起奋力推动才行。”历史上最伟大的推动者，很可能非丘吉尔莫属。他的一生，从 1898 年作为年轻战地记者目睹大英帝国最后的骑兵冲锋，跨越到核武器时代（也是航天时代），他对这两者都进行了积极的推动。他第一次到美国时乘坐的是汽船（竟然还是被马克·吐温请上台做演讲的），他最后一次去美国，乘坐的是一架时速约 800 千米的波音 707 飞机。在这两次旅行之间，他目睹了两次世界大战，见证了汽车、收音机、摇滚乐的问世，也体验了数不清的成功与失败。

我们能在其中找到宁静吗？一个如此活跃、对待工作如此勤勉、肩负起如此多争端和压力的人，真的能用“宁静”或“平和”来形容吗？

虽然不可思议，但答案是肯定的。

正如丘吉尔的一位最杰出的传记作者保罗·约翰逊所写的：“他全力以赴的工作和创意十足、有助恢复的休闲之间保持的平衡，值得每一个身居领导职位的人学习。”在成为作家的几十年前，17岁的约翰逊在街上偶遇丘吉尔时曾对他喊道：“先生，您把您成功的原因归结于什么呢？”

丘吉尔不假思索地回答：“保存精力。能坐下的时候千万不要站着，能躺下的时候千万不要坐着。”

丘吉尔善于养精蓄锐，所以他从未推卸过任何一项任务，也从未在任何一次挑战面前打过退堂鼓。即便完成了如此多的工作，付出了如此多的努力，他也从未燃尽自己的精力，从未熄灭赋予人生意义的快乐之火。（的确，除了努力工作的重要性之外，约翰逊认为，丘吉尔的伟大一生带给我们的另外四条经验分别是：紧盯高远的目标；永远不要因犯错或被批评而一蹶不振；不要在仇恨、欺诈或明争暗斗上浪费精力；为快乐腾出空间。）即使在战争期间，丘吉尔也从未丢失他的幽默感，从未忽略世间的美好，也从未变得厌弃人生或愤世嫉俗。

不同的学派为美好生活开出的处方也各不相同。斯多葛学派推崇坚强毅力和钢铁般的个人意志，伊壁鸠鲁派宣扬安适和简单的乐趣，基督徒提倡拯救人类和赞美上帝，法国人则崇尚某种“joie de vivre”（生活之乐）。我们中最幸福和最有韧性的人，成功地将每种方法中的一些因素融入了自己的生活，毋庸置疑，丘吉尔就是其中一个。他严于律己，也热情洋溢。他是一名军人，是一个书迷，信仰荣耀与名誉，还是一位政治家、文学界的砌砖匠和画家。他曾与朋友打趣说，我们都是虫子，都是需要吃喝拉撒又难免一死的简单生物，但是，他希望将自己看作一只萤火虫。

除了令人叹服的心智能力和灵魂力量之外，身形臃肿的丘吉尔竟也是至静力的第三个领域——身体领域的强者。

几乎没有人能预料到丘吉尔会在这个领域有杰出的表现。生来身体虚弱的他，从小就抱怨自己“受到一个如此脆弱的身体的诅咒，让我连日常生活的杂事都几乎不能胜任”。但即便如此，与他的前辈西奥多·罗斯福一样，他在这副虚弱的躯体之内铸就了不屈不挠的精神和坚定不移的意志，也克服了身体上的局限。

每一个渴望保持内心平和的人，都必须达成这样的平衡。拉丁文中的“Mens sana in corpore sano”，意思便是“健全的心智在于强健的体魄”。要知道，英文中的“showed so much heart”也不是指某人情感丰富，而是形容人具有坚韧和勇敢的气魄。细细想来，这句话中的比喻（heart）其实是有误导性的。真正起作用的，其实是人的脊梁——也就是身体的脊椎。

年轻时的丘吉尔热爱书本上的文字，但是与传统作家的道路有所不同，他并没有把自己锁在一间落满灰尘的古旧图书馆里终日面对书本，而是付诸实际行动。他亲身经历或亲眼目睹了三场战争，以记录当时英帝国的战绩而闻名于世，他在布尔战争中以战地记者身份赶赴南非，1899 年在南非被俘，幸好最终虎口脱险。

1900 年，丘吉尔得到第一个政府职位。33 岁时，意识到靠单打独斗难以成就伟业的他，将自己的身体托付给了另外一个人——他迎娶了夫人克莱门汀，一位恬静的杰出女性，对他的许多最为恶劣的特质起到了制衡作用。这是那个时期最为伟大的一段婚姻——两人爱称彼此为“哈巴狗”和“小猫咪”，洋溢着发自内心的情感和爱。他曾说：“说服夫人嫁给我的本领，算是我最杰出的成就了……毋庸置疑，如果没有我们英国人所称的‘另一半’的全力相助，任何一个普通人都无法扛过我在战争与和平时期所经历过的一切。”

一个像丘吉尔这样野心勃勃且日理万机的人，一个像他一样孜孜不倦的推动者，却很少手忙脚乱，对杂乱无章也难以容忍。丘吉尔那妇孺皆知的连珠妙语和俏皮话，实际上都是精心准备和演练的结果——这样的揭秘，几乎要让听他讲话的乐趣大打折扣了。他表示，没有人知道他为此花费了多少心血，也没有人知道，他为表现得不费吹灰之力下了多少苦功。他说：“每天晚上，我都会极尽严苛地反思我一天中有没有做真正有成效的事情。这并不是敷衍了事——走过场的事谁都会做——而是找出真正有成效的事。”

作为一名作家，丘吉尔的高产令人咋舌。在政府任职期间，仅从 1898 年到一战结束，丘吉尔便成功出版了 7 部著作。这是如何做到的呢？他是怎么实现如此高产的呢？答案很简单：作息计划。

每天早晨，丘吉尔都会在 8 点左右起床，洗一天内的第一次澡。他在水温约 36 摄氏度时进浴缸，然后把水温调到 40 摄氏度，在水中静坐（有时还会在里面翻跟头）。他用洗完澡后的两个小时进行阅读，然后开始回复日常信件，其中绝大多数都是关于他的政府工作的。中午时分，他会简短地跟妻子打一天中的第一次招呼——他一生都坚信，美满婚姻的秘诀是，夫妻二人不应在中午之前见面。然后，他便开始处理手头正在进行的写作任务——很可能是一篇文章、一段演讲，或是一部书稿。之后，正在创作一段精彩文字的他会暂停一会儿，去吃午饭（这时，他才会把衣服穿好）。午饭后，他会在他乡间的查特韦尔庄园四处走走，喂一喂他的天鹅和鱼儿——对他来说，这是一天中最重要也最愉快的一段时间。然后，他便会坐在门廊上，一边呼吸新鲜空气，一边思考或冥想。为了寻找灵感和安宁，他或许会给自己背诵一首诗。下午 3 点，开始两小时的午睡。午睡之后，是与家人共度的时间，之后他会洗一天中的第二次澡，然后吃一顿正式的晚餐（在晚上 8 点之后）。晚餐和小酌之后，他会再进行一小会儿的写作，然后就寝。

这个作息时间表，他甚至在圣诞节期间都会坚持遵守。

丘吉尔是个努力工作和严于律己的人，但和我们一样，他也并非完人。他常常会工作过度，而这一般是他花钱大手大脚所致(这也导致他写出了不少质量不佳的作品)。丘吉尔做事鲁莽，嗜好赌博，容易应承下太多的工作。他曾经把自己画成一头拖着 9000 千克身躯的猪，这灵感并非来自战时孜孜不倦执行任务的自己，而是源于沉湎享乐的自己。

丘吉尔的人生也不是由无穷无尽的胜利组成的。他曾经犯过很多错误，而他的判断失误，通常是由大脑压力过大引发的。因此，他在一战之后的业绩好坏参半。在战时政府的任期中，重大失误也屡见不鲜。他选择了辞职，并加入皇家威尔士燧发枪团奔赴前线，从而挽回了自己的声誉。战争后，他被召回英国政府，担任陆军和空军大臣，后担任殖民地事务部大臣。

20 世纪 20 年代中期，丘吉尔担任了英国财政大臣一职（但他对这个职位一窍不通），与此同时，他签订了一份合同，准备创作一部叙述一战史实的3000页的著作，名为《世界危机》，分为6卷。若是由着他的性子，他很可能会试图咬紧牙关将这惊人的工作量揽在身上。但身边的人看到了他的工作所造成的重负，担心他过度疲劳，因此劝他寻找一个能带来些许快乐、放松和休息的爱好。“请谨记我提出的将手头问题先放一放的建议，”斯坦利·鲍德温首相曾在信中对他这样说，“一个重大的年份即将到来，很多事情都要仰赖你保持身体健康。”

遵循自己的一贯作风，丘吉尔选择了一项出人意料的休闲方式：砌砖。从查特韦尔庄园的两名工作人员那里学到这门手艺之后，他立刻爱上了混合砂浆、抹平泥灰、垒砌砖块这一缓慢而有条不紊的过程。与写作和从政这两门职业不同，砌砖不仅没有拖垮他的身体，反而让他活力充沛。丘吉尔一小时能砌 90 块砖。就像他在 1927 年给英国首相写的信中所说的：“这个月我过得很愉快，建了一间农舍，还口述了一本书——每天砌 200 块砖，口述 2000 个词。”（他每天还会花几个小时处理部长公务。）一位友人曾表示，趴在地上与泥土打交道对丘吉尔是大有裨益的。这也是丘吉尔与小女儿莎拉共处的宝贵时间，作为备受宠爱的小学徒，莎拉会尽职尽责地帮父亲搬砖。

一战中的一段黑暗时期，激发了丘吉尔的另一个爱好——油画。将油画介绍给丘吉尔的人是他的嫂子，她觉察到他身上的压力随时可能爆发，于是便将自己的孩子喜欢拿来摆弄的一套颜料和画笔送给了他。在一本名叫《绘画消遣》的小书中，丘吉尔用颇具说服力的文笔描写了如何通过投身新活动将大脑和身体的其他器官调动起来，使那些疲劳过度的器官得到休息。“因此，对于公务人员来说，培养新的兴趣和爱好是一项最为关键的要务。想要获得真正的快乐和健康，每个人都应该至少有两到三个爱好，且必须都是真正的爱好。”

丘吉尔并不是一位非常杰出的画家（他的砌砖技术也往往受到专业人士的纠正），但略看一眼他的画作，便能觉察出他有多么享受作画的过程，他的一笔一画都透露出这一点。他说过：“作画本身就有巨大的乐趣。颜料看上去招人喜爱，挤出来时让人心情愉悦。”很早的时候，一位知名的画家就告诫丘吉尔，在画布前绝不要犹豫（也就是说，不要瞻前顾后），他把这条建议铭记在心。他并不为自己技艺上的不足而胆怯或沮丧（也是出于这个原因，他曾大胆往首相宅邸墙上挂着的一幅价值连城的彼得·保罗·鲁本斯[①]真迹上添了一只老鼠）。对于丘吉尔而言，绘画的意义在于表达快乐，这是一门休闲娱乐，而不是工作。

如所有良好的爱好一样，绘画也能教实践者安住于当下。他

① **彼得·保罗·鲁本斯**（1577—1640）：17世纪佛兰德斯画家，巴洛克画派早期代表人物。——译者注

写道：“在观察自然时变得敏锐的感官，是我在尝试绘画的过程中收获的最大乐趣之一。”在过去的40年里，他一直被自己的工作和野心所消耗，但通过绘画，他的判断力和感知力都变得敏锐了许多。由于必须慢下来支好画架，调好颜料，并等它们晾干，他才得以仔细观察以前会一瞥而过的景色。

通过身体练习来打磨自己的心理觉知力，这是丘吉尔积极培养的一项技能。他开始到博物馆里看画，然后隔上一天的时间，再试着凭借记忆把作品再现出来。或者，他还会在离开某地之后试着用画笔捕捉一片风景（这和他大声朗诵诗歌的习惯有异曲同工之妙）。他毕生的朋友薇尔莉特·伯翰·卡特这样说：“绘画挑战了他的逻辑思维，激发了他对美和比例的感知力，释放了他对创造的冲动，还给他带来了平静。”她还说，绘画是唯一一件丘吉尔能静下来做的事。他的另一个女儿玛丽表示，绘画和体力劳动“是他天性中的抑郁情绪最重要的解药”。丘吉尔摆脱了杂念，让身体动了起来，也因此而心情愉悦。

事实证明，这一点起到了至关重要的作用。1929年，丘吉尔傲人的政治生涯耻辱地中止，他被迫离开政坛，以半流放的状态在查特韦尔庄园度过了10年的岁月。与此同时，内维尔·张伯伦[1]及一代英国政客则对欧洲日益增长的法西斯主义威胁采取了绥靖政策。

生活就是会这样对待我们，会给我们以出其不意的打击。我们辛苦得来的一切，都会被席卷一空，我们所有的权力，也会在顷

① **亚瑟·内维尔·张伯伦**（1869—1940）：英国保守党人士，1937年5月到1940年5月担任英国首相。——译者注

刻间化为泡影。在经历这一切之后出现的问题，不仅牵涉精神或思想，还是一个实实在在的疑问：你该如何利用手边的时间呢？该如何面对重创所带来的压力呢？

马可·奥勒留的答案是，在这样的境遇之下，人们必须“热爱你所知晓的原则，使之给你支撑”。1915 年，因加里波利之战失利而心烦意乱的丘吉尔写道，他的感觉就如“一头海洋巨兽从海底被捕捞出来，或是一位潜水员被猛然吊起，我的血管仿佛要因这压强的骤降而崩裂开来。我焦虑重重，但无处释放；我虽然有着强烈的信念，却几乎无力将之付诸实际”。就是在这个时期，他拿起了画笔。到了 1929 年，在又一次经受“座舱压力”骤减后，他再一次重拾他的训练和爱好，借此缓解压力，沉思冥想。

20 世纪 30 年代中期的丘吉尔尚没有意识到，在德国重新武装期间，离开政坛恰是最好的安排。安心在野，不硬闯回政坛，这需要真正的定力，即便他重回政坛，也会被政府同僚的无能拖住后腿。在英国领导人中，丘吉尔很可能是唯一一位肯坐下来读完并细细分析希特勒的《我的奋斗》的人（如果张伯伦能这样做，那么人们或许就能早些阻止希特勒了）。这段时间让丘吉尔得以积极追求他的写作和广播事业，也让他在美国成为一位深得人心的名人（还为美国最终与英国结盟打下了基础）。他与他的金鱼、孩子、油画颜料一起度过了这段时光。

另外，他还必须学会等待。除了在门廊上悠然度过的那些下午，他平时也必须无所事事，这在他的人生中还是第一次。

试想如果丘吉尔任由政治流放所带来的屈辱充斥他的头脑、

渗透他的灵魂，并迫使他在那几年里硬闯回聚光灯之下，那么，他还能成为那个在最关键的时刻被召回领导英国的“局外人”吗？少了那所谓“遗失”的十年，66岁的他还能有精力和体力背负整个国家的领导重任吗?

几乎肯定是不可能的。

丘吉尔本人曾写道，每位预言家都必须被迫到荒野中去，在那里体味孤独、饥寒，反思和冥想。他说，这种身体上的折磨，能够炼成“精神炸药”。在被召回时，丘吉尔已经做好了准备。他精神充沛，能够看清没有任何人能够或愿意看清的事实。每个人都因对希特勒的恐惧而畏缩，但丘吉尔没有。

相反，他选择了战斗。他独自一人站了出来。正如他对英国下议院的发言所说:

> 即便欧洲大片土地和许多古老而著名的国家已然或有可能沦陷于盖世太保和纳粹统治的丑恶铁蹄下，我们也绝不示弱，永不言败。我们要战斗到底，我们要在法国战斗，我们要在海洋上战斗，我们要以高涨的信心和力量在空中战斗，我们要捍卫我们的国家，无论代价有多大。我们要在海滩上战斗，我们要在登陆点战斗；我们要在农田和街道上战斗，我们要在丛林中战斗；我们决不投降，即使这个国家或其一部分领土已被征服且陷入饥贫——虽然我认为这是无稽之谈。我们在海外的帝国人民，在英国舰队的武装和保护下，也将继续战斗下去，直到上帝认为适当的时候，新世界将会调集

所有的力量和勇气，奋起拯救和解放旧的世界。

丘吉尔也要求自己的家人拿出同样的勇气。当被儿媳问到如果德国入侵英国该如何应对时，他怒吼着回答说："你总能从厨房里拎把切肉刀，跟他们同归于尽吧？"

虽然大英帝国也有过侵犯人权的不光彩行径，但丘吉尔仍能辨清十恶不赦的罪行——它的名字叫作纳粹主义。虽然集中营和种族灭绝是后话，但此时丘吉尔已经意识到，任何自尊自重的领袖和道德正直的国家都不可能与希特勒做交易，即使这条路较不费力，即使这样的选择可能保护英国免遭入侵。与此同时，他还留心控制住战争挑起的激愤之情。"除了希特勒，我谁都不怨恨，"他说，"而且怨恨也是公对公的。"

从英国1939年向德国宣战的第一天起，直到1945年停战，丘吉尔就像一匹不知疲倦的战马。在战争期间，克莱门汀设计了一款特殊的套装，让丈夫穿着活动和入睡。这种套装被称为丘吉尔的"警笛套装"——但英国民众却把这种衣服亲切地称为他的"连体裤"，让他能够见缝插针地进行必要的小睡，为他节省了花在穿衣上的宝贵时间。

这么说来，没错，在那些年里，他的确失去了工作和生活的平衡，每周工作110个小时，几乎没有静下来的时间。据估算，仅在1940年到1943年之间，他搭乘飞机、船只以及汽车的旅行距离就超过了17.7万千米。人们说，在战争期间丘吉尔的日程表"比森林大火还难以控制，比龙卷风还难以停歇"。但话又说回来，他的确为了这一刻进行过充分的休整——有选择余地的时候，他仍然保持着固定的作息，即使像地鼠一样蜷缩在地堡般的内阁战时办公室时，也依然如此。在战争期间，他没有多少时间作画，也没有什么机会到大自然中去，但一旦有机会，他便不会放过。（他有一幅画作，画的是北非的一轮美丽的落日，这是他在盟军主要指挥官于卡萨布兰卡会晤之后，特地开车 5 个小时捕捉到的景色。）

丘吉尔为挽救或推动东西方文明所信奉的思想而付出的努力，在历史上几乎可以说是无人能及的。而他立下的汗马功劳，又换来了什么样的回报呢？

1945 年，丘吉尔被迫卸下首相职务，克莱门汀劝慰他说："这或许是焉知非福之事。""这福隐藏得可够深的。"丘吉尔这样回答道。如往常一样，他的判断是错误的，而她则判断对了。

这件事让丘吉尔得以完成他的最后一套作品《第二次世界大战回忆录》，这套书所稳固确立并传达的经验，让世界从此以后远离了自取灭亡的道路。除此之外，这件事还让他又一次得到休整，找回平衡。我们今天还能看到他 1948 年在摩洛哥的马拉喀什及 20 世纪 50 年代在法国南部作画的照片。丘吉尔一生中一共完成了约 550 幅画作，其中 145 幅是在战后完成的。

总体来说，这是充满艰辛和奉献的一生，其中的许多付出不但没有换来感谢，反而遭人误解。这是一段硕果累累的人生，但当事人也付出了沉重的代价。同样的任务和责任，会让十几个普通人无力招架，耗尽精力。

"这一切都值得吗？"在丘吉尔唯一一部小说中，筋疲力尽的主人公提出了这个问题，“所有的艰辛、劳苦、令人应接不暇的事务，放弃了这么多让生活变得简单或快乐的事物——这是为了什么呢？”这部小说是他年轻时创作的，当时的他虽然忙忙碌碌、野心勃勃，但尚未真正投入公共事业。等在他的前路上的，是55年的议会生涯、31年的部长生涯，以及9年的首相生涯。未来的岁月，将向他揭示生命的真正意义，以及为伟大事业潜心斗争的真谛。他取得过全胜，也经历过惨败。在人生的终点，他终于明白，一切都是值得的——毋庸置疑，今天所有活着的人，都对他的付出充满感恩。

丘吉尔的临终之言，也确实证明了这个事实：

> 我的人生旅途是愉快的，也是值得的——但一次足矣！

伊壁鸠鲁曾经说过，有智慧的人会在人生中完成三件事：留下文字作品；勤俭节约，为未来做准备；品味乡间生活。这也就是说，我们要自省，要有责任心，要节制，还要找时间在大自然中放松身心。在这几点上，说丘吉尔做得不够好，是有失公允的（即便考虑到他在条件允许的时候的确享受过奢华）。

亚里士多德曾用三个词形容他所处时代的奴隶的一生，我们可以将伊壁鸠鲁提到的三件事与之做一对比：“工作，惩罚，食物。”

二者之中，现代社会的我们离哪一种更近呢？哪一种又是通往幸福和宁静的途径呢？

没有人能够忽略至静之旅中最后的一片领域：我们如何利用自己的身体，往身体里摄入什么东西，在哪里栖身，保持怎样的习惯和日程，以及如何从生活的压力中寻得闲暇与轻松。

如果我们想让自己的效率达到丘吉尔的一半，同时获取定义了他人生的快乐、激情以及宁静，那么我们就必须培养一系列的特质。每个人都必须做到：

- 超越我们身体的局限
- 寻找让我们得到休息且能补充精力的爱好
- 培养一种稳定而严格的作息习惯
- 花时间进行户外锻炼
- 寻找独处的时间，培养客观判断力
- 学会静坐——在必要时能够做到无为
- 获取足够的睡眠，克制我们的工作狂心态
- 致力于比我们自身更加伟大的事业

正如人们所说的，身体会铭记一切。如果我们不好好照顾自己的身体，如果我们找不到身心的平衡，那么无论思想或灵魂有多强大，都没有意义可言。

这需要我们付出努力，因为我们不能单凭意念来取得宁静，也不能只靠祈祷来得到灵魂的升华。想要达到目标，我们必须行动起来。想要把思想和灵魂的位置摆正，就需要调动我们的身体——也就是我们的爱好、行为、习惯和自我关怀，这与调动思想和灵魂之力将身体状态调到最好的道理完全相同。

这是一种三位一体的神圣状态，其中的每个因素都彼此相关。

学会说不

无为之益，天下希及之。

——《道德经》

当费边受命率领罗马军团对抗汉尼拔时，他什么都没有做。他没有进攻，没有急着冲出去，将这可怕的入侵者逐出意大利，赶回非洲去。

你可能会认为这是一种软弱的象征——罗马几乎所有人都这样认为，但实际上，这正是费边的策略。汉尼拔背井离乡，损失了大批人马，很难找到替补。费边相信，罗马只需固守阵营，不必投身任何代价高昂的战争，也终将取胜。

但是，他的军队却无法接受这种有意而为的制约。“我们是世界上最强大的军队，”他的批评者们说，“我们怎么能在有人试图攻击我们的时候置之不理呢?！”就这样，趁着费边在别处参加一场宗教仪式的时候，他们强迫他的骑兵长官米努基乌斯发起了进攻。

此次行动并没有成功。米努基乌斯不幸落入敌人的圈套，费边不得不赶去营救。即便如此，事后，米努基乌斯仍因采取行动而被视为英雄，而费边却因按兵不动被贴上了懦夫的标签。任期结束后，罗马议会投票否决了尽量避免战争并靠拖延来消耗汉尼拔的策略，也就是当今被称为“费边战术”的策略，而是支持发起更激烈的进攻和采取更积极的行动。

此举并未奏效。在坎尼会战的血战之中，罗马军队主动袭击汉尼拔，却在一次惨痛的溃败中几乎全军覆没，在此之后，人们才开始领会到费边的智慧。现在他们终于看清，之前看似谨小慎微的举动，实际上却是一种绝妙的战术。费边之所以拖延时间，其实是在制造机会让敌人自我毁灭。只有到了此时——在这眼看就无可挽回的关头，人们才肯听从他的指挥。

绝大多数的罗马伟人被授予的尊称都凸显出其在异域取得的伟大胜利或成就，但费边在事后被授予的称号却颇为独特：Fabius Cunctator，也就是“延迟者”。

他的特别之处，在于他选择有所不为——或者说，愿意将一些事情放一放再做，这一点，为他之后的所有将领树立了一个重要的榜样。尤其是那些受到自己或拥护者的压力，不得不采取行动或冲锋陷阵的将领。

在棒球比赛中，运动员可以通过拼尽全力打出全垒打而扬名。对于那些来自贫困国家的运动员而言，展示出全垒打的技能，更是吸引球探和教练注意的敲门砖。多米尼加共和国有这样一种说法：“你无法靠走路离开这个岛。”意思是，想要离开，就要靠打棒球的技术。

人生也是如此。若不懂得努力抓住机会，就无从受益了。

然而，作为一位与纽约大都会棒球队共处了差不多10年的顶尖体育心理学家，乔纳森·费德博士却表示，这条建议对于职业棒球大联盟队的新人而言是很有误导性的。这些人不会放过每一记他们认为能击中的球，他们的名声以至身份，就建立于此。但现在，他们面对的是世界上最优秀的投手，转眼之间，争强好胜不再是优点，反而成了弱点。现在的他们，需要走上场去，站在百万观众面前，拿着百万美元的报酬，却几乎不挥棒——他们要等待那一记完美的投球。

这些新人需要学会的，是等待的力量、精准的力量和虚无的力量。通过自己的禅宗老师和击球教练荒川博设计的一系列复杂的击球练习，伟大的棒球击球手王贞治也学到了这些技能，因为这才是真正的专业选手所应具备的特质。一位真正伟大的棒球击球手——而不仅仅是挥棒手——需要敏捷的双手和有力的髋部，这自然毋庸置疑，但同时，他们也要掌握“无为”的力量。

“无为”是握棒不发的能力——击球手要等看到完美投球时再挥棒。就如冥想中的瑜伽士，他们保持身体不动，由此达到思想和灵魂境界的活跃。肯尼迪在古巴导弹危机中也是如此。从表面来看，他或许并没有做很多事情——因为他并未急着消灭对手，他所做的，是为自己腾出思考的时间和空间，同时也为苏联人腾出思考的时间和空间。而对于泰格·伍兹而言，在生活被工作和性瘾占据之时，他所丧失的恰恰是实践无为的能力。

约翰·凯奇在《4分33秒》的演奏解析中，就曾用“小心谨慎的演奏”来描述“什么也不做”。

你不能靠横冲直撞在迷宫中寻找出路，而是必须停下来进行思考。你必须小心翼翼地缓步而行，克制你的能量——否则，你便会陷入绝望和迷失之中。当我们面对生活中的难题时，同样如此。

在我们的文化中，绿灯是一个有力的标志。我们忘记了罗杰斯先生想要让我们注意的事情——黄灯和红灯也是同样重要的。慢下来，停住脚步。一项最近的研究发现，研究对象宁愿让自己受到电击，也不愿感受短短几分钟的无聊。如此说来，人们会做这么多的蠢事，也就不足为奇了。

有这么一段发人深思的视频：作为有史以来最成功、最受尊敬、最才华横溢的喜剧演员之一，年近八十的琼·里弗斯被人问到为何工作不止，为何永远在路上，为何不停地接手更多的演出。她一边向采访者讲述驱动她的恐惧感，一边拿起一份空空如也的日程表："如果有一天我的日程表是这个样子的，那就说明没有人想再看到我了，我一生所尝试做过的一切都是竹篮打水，没有人关心我，我被彻底遗忘了。"

这不仅意味着琼的欲望永远得不到满足，也告诉我们，我们最宝贵也最持久的成就，是在沉住气慢慢来的时候取得的，是通过找准目标并等待合适的"投球"得到的。

毫无疑问，那些短短几天没有做事就觉得自己毫无价值、无足轻重的人，无异于剥夺了自己享受宁静的权利——与此同时，他们切断了在宁静中达到更高境界的可能性。

从精神层面来讲，这是一件难事，从身体层面来说，则更加困难。你必须要逼着自己学会说"不"。你要强迫自己，不要锋芒毕露。

如果费边没有那么强大，就无法强忍着不去进攻汉尼拔，历史的轨迹就可能被完全改写了。一个不会控制速度的长跑运动员，一个无法耐心等待熊市结束的投资管理人，如果他们不能在自己的职业中领会“无为”的艺术，那就与成功无缘。如果你不能在人生中领会“无为”的艺术，那就不要妄想成功，因为你会把自己熬得筋疲力尽，而身体，是不会再有第二个的！

对于那些成为日程表的奴隶的人，那些需要10个人的团队去处理手头所有项目的人，那些一生就如从一个场景逃到另一个场景中的亡命徒的人，我们应该谨慎审视，甚至予以同情。这不是宁静，而是奴役。

我们每个人都必须在说“不”这件事上做得更好。所谓“不”，就是“不，对不起，我没空”“不，对不起，听起来很有趣，但我不愿参与”“不，我再观望观望”“不，我不喜欢这个构思”“不，我不需要那些——我只要充分利用自己现有的资源就行”“不，因为如果我答应了你，我就必须答应每个人”。

在你能做却不愿做时，“抱歉，我做不到”或许并不是最符合道德的回复，但是你真的能胜任吗？你真能付得起胜任的代价吗？如果你经常把自己弄得分身乏术，对别人不会造成伤害吗？

飞行员可以用“不好意思，我在待命”作为脱身的借口，医生、消防员和警察可以用“待命”作为挡箭牌。人生中，我们不也在随时待命吗？我们难道不是在为某件事（或某个人）积蓄力量吗？我们自己的身体，不也在为我们的家人、自我完善和自己的事业而时刻准备着吗？

随时都要明白别人真正让你付出的是什么，因为答案往往是你生命的一部分，而换取的，则通常是你完全不想得到的东西。切记：时间就是生命，是你的血和肉，这是你一旦失去就寻不回来的。

每每遇到情况，都请思考：

- 这是什么样的情况？
- 这重要吗？
- 这是我需要的吗？
- 这是我想要的吗？
- 其中隐藏的代价是什么？
- 在遥远的将来回顾时，我会庆幸自己做了这件事吗？
- 如果我对此事一无所知——比如邀请信在邮寄过程中遗失，或是对方没能找到我——对我来说算是损失吗？

明白该对什么事情说“不”，我们才能对重要的事情说“是”。

多散散步

只有在散步中获取的创意才有价值。

——尼采

几乎每天下午，哥本哈根的市民都会目睹索伦·克尔凯郭尔漫步街头的奇特景象。这位坏脾气的哲学家会在早晨站在立式办公桌前写作，然后在中午时分出门，踏上城市繁忙的街道。

他走过供时髦市民漫步的造型新颖的“人行道”，穿过城市里的公园，经过安徒生墓园的小径，偶尔也会走出城墙之外，到田野中去。克尔凯郭尔从来不走直线，而是迂回前行，尽量低调地穿过街道，总是努力走在树荫里。一旦走累了，或是解开了他冥思苦想的难题，抑或突发灵感，他便会折回头往家走，在一天剩下的时间里在家写作。

克尔凯郭尔在外散步的情景让哥本哈根的市民感到惊诧，因为，至少可以从他的作品中看出，他是一个神经极其敏感的人。人们的判断没错，对于在探索哲学的过程中不可避免的压力和沮丧，他就是这样来排解的。

克尔凯郭尔有一位时常卧床不起并因此心情抑郁的嫂子，在给她的一封优美的信中，他写到了散步的重要性。“无论如何，”他在这封写于1847年的信中说，“也不要失去散步的欲望。每一天，我都会通过散步走向健康，远离一切疾病；我通过散步得出了我最伟大的洞见，我也不知道，有什么沉重的念头是无法通过散步来远离的。”

克尔凯郭尔认为，静坐不动是滋养疾病的温床。对他而言，散步，也就是行动，几乎可以用神圣来形容。这可以净化灵魂和去除杂念，让他为哲学探索做好准备。他常说：“生命就是一段旅程，我们在其中行走。”

克尔凯郭尔关于散步的文字诚然优美而独特，但在对这项运动的痴迷上，他绝非唯一一人，也不是唯一的获益者。尼采曾说过，《查拉图斯特拉如是说》的想法，就是从一次长途步行中得来的。旋转磁场这个有史以来最重要的科学发现之一，就是尼古拉·特斯拉[①]于1882年在穿过布达佩斯的一座城市公园时想到的。住在巴黎时，只要在写作中遇到瓶颈，需要理清思路时，海明威便会沿着码头走很长的路。达尔文的每日作息中包含着数次散步，史蒂夫·乔布斯以及开创先河的心理学家阿莫斯·特沃斯基和丹尼尔·卡尼曼[②]亦是如此，卡尼曼更是写道：“我人生中最有价值的思考，是在与阿莫斯一起散步时进行的。”他表示，正是身体的活动，让他的大脑运转了起来。

---

① **尼古拉·特斯拉**（1856—1943）：塞尔维亚裔美籍发明家、物理学家、机械工程师、电气工程师。——译者注

② **丹尼尔·卡尼曼**（1934— ）：美国心理学家，2002年诺贝尔经济学奖得主。特沃斯基（1937—1996）是他的合作者。——译者注

当马丁·路德·金还是克罗泽神学院的学生的时候，他每天都要在校园的树林中走一小时的路，以便“与自然交流”。为了清除杂念和帮助思考，诗人惠特曼和格兰特将军都会绕华盛顿散步，还经常偶遇对方。或许，惠特曼在《自我之歌》的一段中所写的，就是这种体验吧[①]：

> 你可知沉思的欢乐？
> 那来自自由寂寞、温柔忧郁之心的欢乐？
> 那来自独自漫步的低沉而傲然的灵魂，在苦难中挣扎的欢乐？

弗洛伊德在晚餐后绕维也纳环城大道快走的事情，已被很多人熟知。作曲家古斯塔夫·马勒一天散步的时间多达四个小时，他利用这段时间整理思路并记录灵感。出于同样的原因，贝多芬也会在散步时带上乐谱和书写工具。多罗西·戴一生爱走路，正是20世纪20年代在斯坦顿岛沿着海滩漫步的过程中，她第一次强烈地感到了上帝在她生命中的存在，并接收到觉醒的星星之火，从而踏上了圣徒之路。耶稣本人也是一位步行者——一位旅行者，深谙将一只脚迈于另一只脚前的愉悦和神圣，这，或许并不是巧合。

散步怎么能让我们与宁静靠近呢？我们在本书中所探讨的，不是减少活动、不向外求吗？没错，在走路时，我们的确在活动，但

---

① 以下所引诗句出自惠特曼《欢乐之歌》，正文作《自我之歌》当系作者误记。——编者注

这并不是激烈的运动，甚至连有意的活动都不算——这是重复性的、程式化的运动，节奏不慌也不忙。散步，是一种宁静的锻炼。

佛教徒有“步行冥想”一说，即“行禅”，指的是长时间静坐之后，通过运动——尤其是在优美的环境中运动，来发掘一种通过传统冥想无法获取的宁静。没错，森林浴（以及几乎所有的自然之美）需要走出家门、办公室或车门，徒步进入树林中才能体会。

美好步行的关键，就是觉知。安住当下，打开心灵，接收这一体验。把你的手机放起来，把生活中看似紧急的问题搁一搁，或是任由它们随你的行动而化解。低头看看你的双脚，它们在做什么呢？看看它们的活动是多么轻松自如。支配它们的是你吗？还是说它们的行动仿佛是自动完成的？

倾听脚下落叶发出的咯吱咯吱声。感受地面反推你的力量。吸气，呼气。想想看，在你之前的千百年中，有谁曾经在同一个地方走过？想象一下那铺设你脚下柏油路的人，他们过得怎么样？现在在哪里？有何信仰？又面对着什么样的难题？

当你感到被外部世界的责任或欲望牵拉之时，让自己再忍一忍。如果你正在一条曾经走过的路上，那就来个急转弯，到一条从未走过的街道或一座从未爬过的小丘上去。感受环境的陌生感和新鲜感，畅享你从未有过的体验吧。

选择消失，让别人找不到你。悠闲地慢慢走。

这是一种我们人人都能负担得起的“奢侈”。即便是最贫穷的乞丐，也能在国家公园或是空旷的停车场悠然漫步。

这么做的目的并不是消耗卡路里或提高你的心率。相反，这样做没有任何目的，这只是一种自我表达，一种将当下、释然、放空大脑以及感知和感恩周围环境之美好的抽象概念具体体现出来的方法。靠双脚远离那些应该远离的念头，迈步走向那些当下升起的思绪。

在一次美好的步行体验中，大脑并非一片空白。你的大脑不能什么也不想——不然你就要被树根绊倒，或者被汽车或自行车撞倒了。就如在传统的冥想中一样，不要试图将每一个思绪或观点赶出头脑之外，这才是关键所在。这样做的真正意义在于观察身边的环境。在观察的同时，你的思绪或许会很活跃，但也仍然处于平静之中。这是一种全新的思考方式，如果你的方法正确，这种思考方式其实比普通方式更为健康。新墨西哥高地大学的一项研究发现，踏步的力量能够增加脑部的供血。斯坦福大学的研究者发现，在散步过程中及之后，步行者在衡量“创意发散思维”的测试中表现得更好。杜克大学的一项研究则从一个侧面证实了克尔凯郭尔想要告诉嫂子的话，即对于一些病人而言，散步对于严重抑郁症的治疗效果竟与药物相当。

诗人华兹华斯一生走过了大约 29 万千米的路程——从 5 岁时算起，等于一天平均要走大约 10 千米！他通常会绕着英国乡间的格拉斯米尔湖或是不远处的莱达尔湖散步，而他的很大一部分写作，都是在步行过程中完成的。在长途步行时，随着一行行诗句浮上心头，华兹华斯会一次次地重复这些诗句，因为等他能够回家将它们写下来，或许还要过个把钟头。从那时起，他的传记作者便开始猜测：到底是风景催生了他诗中的意象，还是运动推动了他的头脑运转？每个曾经在走路时解开过难题的普通人都知道，这两种力量是同样神奇和有效的。

在追求美好和生活之善的过程中，走出门外，悠然漫步，对我们每个人都是大有裨益的。在尝试挖掘我们深层的意识和解锁更高层次思维的时候，让身体活动起来，加速血液循环，也会让我们受益匪浅。

压力和苦难或许会把我们击垮。坐在电脑前，我们被资讯、邮件和接二连三的任务压得应接不暇。我们应该坐在那里全盘接受吗？我们应该静坐不动，束手无策，任由这种不适感愈演愈烈吗？不。我们该站起身来，让自己投入别的事情吗？比如打扫卫生这样的积极活动，或是靠寻衅滋事这样的行为来宣泄感情？不。这些都不是我们该做的。

我们应该做的，是走一走路。

克尔凯郭尔讲过这样一个故事：一天早晨，一阵绝望和沮丧驱使他从家里走了出来——用他自己的话来说，这种状态就是病态。一个半小时之后，终于恢复了平静的他在马上要走回家的时候碰到了一位热心肠的先生，这位先生喋喋不休地跟他倾诉了一大堆烦心事。我们经常会遇到这种事，不是吗？

没关系。克尔凯郭尔写道："我能做的，只有一件事——我没有回家，而是又回去散步了。"

我们也必须如此。

走吧。

不要停下脚步。

培养规律

故人一之于礼义，则两得之矣。

——《荀子》

每天清晨，弗雷德·罗杰斯都会在早上 5 点起床，花 1 个小时的时间静静思考和祷告，然后到匹兹堡体育俱乐部去，在那里完成他的晨泳。在去泳池的途中，他会称量体重——将体重保持在 65 千克，对他而言是件重要的事。而在跳入泳池时，他则会小声哼唱《向天主欢呼》。一位友人写道，从池里走出来的时候，他仿佛受了洗礼般焕然一新。神清气爽的他，已经完全做好了迎接一天工作的准备。

来到他的节目录制现场时，日程的第二部分便开始了。在多年数百集的节目中，这部分内容一直是用相同的形式为小观众们录制的。主题歌响起，交通灯的黄灯闪烁，镜头推至门口，罗杰斯先生出场，边唱边走下楼梯。他脱下外套，把衣服整整齐齐地挂在衣柜里，然后穿上他标志性的开襟毛衣，拉好拉链——这件衣服，是他的母亲给他做的。接下来，他脱下鞋子，换上一双舒适的平底鞋。只有在这一切都做完之后，他才能开始与世界上他最喜欢的人进行交流，向他们传授知识——这，就是他的邻居小朋友们。

对于一些人来说，这或许显得单调乏味。同样的作息，日复一日地重复着。每期节目喊“停”之后，他都会雷打不动地睡午觉，与家人共进晚餐，并在晚上 9 点 30 分上床。体重维持不变，吃的东西千篇一律，节目的开场一成不变，每天的收尾也是一模一样，这难道不无趣吗？实际上，好的作息规律不仅能带来极大的舒适和安稳，也为有趣和充实的工作搭建了平台。

如果坚持足够长的时间并专心实践，那么作息的意义就会超出单纯的日常习惯，而是成为一种仪式——变得神圣不可侵犯。

罗杰斯先生的风格也许并不适合你，或许你对多年蝉联全明星阵容的控球后卫拉塞尔·威斯布鲁克更感兴趣。他的锻炼流程，在开球 3 小时前准时开始。首先，他会进行热身。之后，距离球赛还有 1 小时的时候，威斯布鲁克会到教堂做礼拜。然后，他会吃一片花生果酱三明治（雷打不动的脆烤黄油全麦面包、草莓果酱、四季宝花生酱，对角切好）。在比赛开始的 6 分 17 秒前，他会准时开始球队的最终热身训练。对主场比赛、平时训练以及客场比赛，他会各准备一双专用球鞋。从中学开始，他每投完一个任意球后都会做同样的事情：先是退回三分线外，然后往前走，再次投球。他在训练馆有自己专属的停车位，而且喜欢在 3 号训练场练球。每天，他都会在同一个时间给父母打电话。如此这般，周而复始。

在体育界，像威斯布鲁克这样的例子比比皆是。故事中的主角，往往是曲棍球队的守门员，棒球队的投手，美式足球队的后卫和开球员——都是最考验脑力的角色。如此恪守流程的运动员，会被人视为“古怪”，而他们的作息流程则被称为“迷信”。这些几乎能自己主宰命运且才华横溢的成功人士，仿佛成了被自己作息表管控的犯人，这在我们看来，着实奇怪。伟大的全部意义，不就是让你不再受琐碎的规章制度的束缚，能够随心所欲、为所欲为吗？

哦！伟大的人都知道，绝对的自由其实就是一场梦魇。他们明白，秩序是杰出的先决条件，在一个不可预知的世界里，良好的习惯就像一个有确定性的避风港。

艾森豪威尔曾说，自由为自律提供了机会。实际上，自由、强大以及成功都少不了自律。因为若是没有自律，混乱和自满便会乘虚而入。所以说，自律是我们维持自由的法宝。

同时，自律也让我们以一个更好的心态来面对工作。兼为作家和跑者的村上春树曾经谈到他每日遵循同样作息规律的原因："重复本身成了一件重要的事。"他解释道："这是一种催眠术。我会自我催眠，进入更深层的意识中。"

在思想放空、身体处于最佳状态时，我们能够在工作上拿出最好的表现。

作息计划可以是关于时间的。知名互联网社交媒体创始人兼首席执行官杰克·多西每天清晨 5 点起床，雷打不动。前美国海军海豹突击队队员杰克·威林克会在早晨 4:30 起床，还会每天发一张手表照片为证。维多利亚皇后早晨 8 点起床，10 点用早餐，然后在 11 点到 11 点半之间与部长们会面。诗人约翰·弥尔顿早晨 4 点就会起床进行阅读和冥想，以便在早晨 7 点做好准备接受写作的"压榨"。

作息计划也可以是关于某种顺序或秩序的。孔子坚持席不正不坐。在得州基督教大学角蛙棒球队长期表现平平之后，教练吉姆·施洛斯纳格尔接手球队，教他的队员们学着时刻保持自己的储物柜和球员席干净整齐（此后这支球队再也没有输掉任何一个赛季，并四次跻身世界大学八强决赛）。伟大的网球运动员拉斐尔·纳达尔也同样看重条理，他会按顺序先喝完水再喝能量饮料，然后把瓶子摆放整齐。

作息计划也可以是关于某个工具、某种声音或某种气味的。诗人里尔克的书桌上有两支钢笔和两种纸张，其中一种用来创作，而另一种只能用来写账单、信件及其他不那么重要的文件。寺庙的钟鸣会召唤僧人进行冥想，而有的僧人会在仪式和冥想之前在双手涂上香料。

作息计划还可以是关于宗教或信仰的。无论多么平常的餐食，若不先祭祀祖先，孔子是绝不会吃的。在做重大决定和进行战前祭祀之前，古希腊人都会向德尔斐神谕求取答案。阿哈德·哈姆曾说，犹太人把安息日的传统保持了数千年，而安息日的传统也让犹太人得以存续了数千年。

若能不断加以重复并带着真诚和感情去实践，作息规律就变成了仪式。作息的规律——也就是日常的节律——能够创造出深刻而富有意义的体验。对于一些人而言，照料马匹或许是一项苦差，但对于西蒙·玻利瓦尔[①]而言，却是一天中神圣而不可或缺的组成部分。当身体忙着做熟练的事情时，思想便能轻松下来。单调重复

① **西蒙·玻利瓦尔**（1783—1830）：拉丁美洲政治家、革命家、思想家和军事家。——译者注

形成了肌肉记忆，使得脱离正轨显得如此危险而罪恶，仿佛是在主动邀请失败。

有的人或许会对这种看似“迷信”的举动嗤之以鼻，但这种看问题的角度是有失偏颇的。就像纳达尔所说的：“如果这是迷信，那我为何不论输赢，仍然坚持一次又一次地做同样的事呢？让周围环境与我心中所追求的秩序相符，这种方法能将我自己调整至比赛状态。”古希腊人真的相信德尔斐神谕能够告诉他们应该采取什么行动吗？还是说，求得答案的过程本身，也就是登上帕纳索斯山的旅程，才是真正的意义所在呢？

社会学家发现，与运气不扮演重要角色的活动相比，岛屿部落更倾向于为运气起重要作用的活动建立仪式，比如在外海捕鱼与在潟湖相比。实际上，运气一直在影响着我们，也一直是一个重要因素。

仪式的目的并不是获得神明的支持（这当然不是坏事），这样做的目的，是为了在命运成为我们的对手时，调整好身体（以及思想）的状态。

对于绝大多数人来说，从早晨醒来的那一刻起，就要面对一个个令人无所适从也无法喘息的选择的轮番轰炸：我该穿什么呢？该吃什么呢？该先做什么，之后做什么呢？我该做哪种工作呢？我是该先处理这个问题，还是该冲上去先救那个急呢？

不消说，这是个令人筋疲力尽的过程，是由相互矛盾的冲动、动机、意愿以及外部干扰形成的旋涡。这绝不是通往宁静的道路，也绝非挖掘自己最大潜能的方法。

心理学家威廉·詹姆斯曾说，要把习惯当成我们的盟友，而非我们的敌人。他认为我们可以搭建起合乎道义、井然有序、静谧恬淡的生活和人生——在此过程中，我们也建造起了一道壁垒，不但能抵挡世界的纷扰，也能将我们最好的一面展现出来，应对手中的工作：

> 为此，我们必须尽早且尽量多地将对我们有利的行为培养成自动自发的习惯，并像提防病毒一样警惕自己朝着有害无利的方向发展。我们越能毫不费力地自动处理生活琐事，就越能将大脑中更高的思维能力释放出来，去处理与其水平相符合的工作。在这个世界上，没有比凡事犹豫不决、没有养成任何习惯的人更痛苦的人了，对他们而言，每点一支雪茄，每喝一杯饮品，每天起床和就寝，以及每一项工作任务的开始，都是需要深思熟虑的问题。

当我们不仅能将生活琐事变成习惯，还能自动做出明智而高尚的决定时，我们就能腾出精力和脑力，去进行有价值、有意义的探索。我们为平和与宁静争取了空间，有成效的工作和有质量的灵感就触手可及了。

想要达到这样的效果，你必须现在就采取行动，把房间收拾干净，把日程安排清楚，对干扰和必做的决策数量加以限制。

如果能做到这一点，情绪波动和干扰便不会再像以前那样给你带来诸多麻烦，因为这些因素都被挡住了。作为参考，你可以把日本插花师作为榜样：井然有序，安宁静谧，专心致志，干净整洁，保持初心，从容不迫。他们不会在嘈杂的咖啡厅试图训练技巧，也不会因计划不周而到凌晨3点还在睡眼蒙眬地赶工。他们不会心血来潮地随意抓起剪刀，也不会在接听老友打来的电话时只穿着一身内衣。对于真正的大师来说，这些都太随意、太混乱了。

大师能做到胸有成竹。大师自有一套系统。大师能化平凡为神圣。

我们，也必须如此。

断舍离

财产意味着贫穷与恐惧。能占有，也能放手舍弃，这才是了无牵挂的拥有。

——里尔克

爱比克泰德生而为奴，后来获得了自由。日子一久，他便逐渐落入了优渥生活——至少以斯多葛学派的标准来说——的陷阱。君王来听他授课，培养了一众学生，也过上了养尊处优的日子。他用辛苦赚来的钱买了一盏精美的铁灯，放在家里一座小神龛中。

一天夜里，他听到门厅处发出一阵响声。他疾步跑过去，发现一个小偷已经将那盏价格不菲的灯偷走了。就像任何一个依恋自己财物的人一样，他沮丧而吃惊，感到受了侵犯：有人来到他的家里，偷走了本属于他的东西。

但爱比克泰德很快就意识到了自己的错误。他想起自己教别人的理念。

“我的朋友，”他告诉自己，“明天你再找一盏陶灯就是了，毕竟一个人只能失去他所拥有之物。”在余生中，他一直使用这盏更为廉价的陶灯。爱比克泰德去世后，一位没有理解他对物质的不屑的瞻仰者，以 3000 德拉马克的价钱把这盏灯买了下来。

塞涅卡最有力的比喻之一，就是“被自己的奴隶所拥有”的奴隶主，或是明明拥有庞大地产却反被地产捆住手脚的富人（在现代，我们为这种人起了个专有名："房奴"）。蒙田富有洞见地问，是否自己才是家猫的宠物。我们也可以在东方找到这个理念的另一个版本。荀子曾说："君子役物，小人役于物。"

简而言之，如果我们在现实世界中拥有的物品反过来成了我们的主人，那么心灵和精神的独立也就无甚意义了。

犬儒学派对这个理念的挖掘最为深刻。据说，第欧根尼住在一只桶中，近乎赤身裸体地四处走动。当他看到一个小孩用双手从井中捧水喝的时候，他将自己的杯子砸碎，因为他意识到，自己原来一直随身带着一件多余之物。

在当今社会，我们或许会将第欧根尼称为流浪汉或失败者（甚至疯子），从某种程度上说，他的确名副其实。但在第欧根尼与当时世界上最有权势的亚历山大大帝的几次会面中，更令旁观者暗自钦佩的却是前者。这是因为，亚历山大大帝使出了浑身解数，既无法拿任何利益诱惑他，也无法夺走任何一件他已然自愿抛弃了的器物。

诗人尤维纳利斯曾经打趣说，斯多葛学派和犬儒学派之间只有一"衣"之隔，意思是斯多葛学派不同于犬儒学派，还有穿衣服的觉悟（并能做到不在公共场所随地大小便）。这是一种合理的妥协。我们不必将所有财产都抛弃，但应该做到经常质疑自己拥有什么、为何拥有，以及是否离了这些身外之物也能过活。

你有没有见过拆房子的情景？投入一生的收入和积蓄，为把房子布置得恰到好处而花费无数小时进行装饰，但这饱含着生活的点点滴滴的地方，到头来也只不过是被拆解成几垃圾箱的残片。即使是家财万贯的人或一生收礼不断的国家元首的房子，也不过是多装了几个垃圾箱而已。

虽然如此，有多少人仍然在收集和索取，仿佛财物的吨数便是对我们人生价值的评判？每个囤积者都会被自己的垃圾困住，同样地，我们也会被自己拥有的东西缚住手脚。每一件昂贵的珠宝都会带来一张保险单，每一幢别墅都要配一群园丁，每一笔投资都附有相应的义务和需要审核的月报。弗朗西斯·斯科特·菲茨杰拉德[①]曾说，富人与我们不同，并在小说里把他们塑造成自由自在、无忧无虑的人物。

事实并不完全如此。

金钱更多，烦恼就更多；东西更多，自由就更少。

在20世纪后半叶为西方军事战略带来彻底改革的约翰·博伊德，算得上是一位武僧式的人物，他拒绝拿国防军火承包商的钱，即使在为总统和将领做顾问时也坚持住在一间狭小的公寓里。他说：“如果一个人能将自己的需求降低到零，他就达到了真正的自由——没有人能剥夺他的任何东西，也无法做出任何事情来伤害他。”我们可以在这句话后做一补充：“这样的人，是拥有宁静之人。”

被追债者尾随的人毫无自由可言。花销大于收入的生活并不光鲜——这一点，丘吉尔可以证实。硬撑着体面的外表，是很累人的。

---

① **弗朗西斯·斯科特·菲茨杰拉德**（1896—1940）：美国作家、编剧，代表作《了不起的盖茨比》。——译者注

同时，这也是种危险的做法。惧怕丢失财产的人，用物质武装自己的人，都给了敌人以可乘之机。这样的人，让自己在命运面前格外不堪一击。

剧作家田纳西·威廉斯曾说，奢侈就如一头“门口的狼”。他表示，问题并不出在物质本身，而在于人们对物质的依赖。我们越来越无法自己完成事情，越来越离不开别人的服侍，他将这种现象称为“成功带来的灾难”。你的东西堆得杂乱无章，还要花钱雇人来家里整理。

另外，还有一种我们可以称为“舒适隐性增长”的现象。我们对某种程度的方便和奢侈习以为常，渐渐地，我们几乎难以想象自己竟然曾经在没有这些便利的条件下过活。随着财富的增长，我们对“普通”的界定标准也在上升。短短几年前，没有如此丰裕生活的我们也活得很好，吃碗拉面或是挤在一间窄小公寓里都不是问题。现在，我们拥有的更多，而大脑却开始对我们说起谎来：你必须得拥有这个；你可能会失去那个，留点儿心眼吧；保护好你的东西，别跟他人分享。

这种心态不仅害人不浅，而且会制造恐慌。

正因如此，哲学家一向支持减少需求和限制财产。僧人和牧师宣誓谨守贫穷，这是因为这意味着诱惑的减少，也为他们所致力的精神追求腾出了更多的空间（也包括现实空间）。没有人要求我们达到那样的极致，但拥有的越多，操心就越多，能够灵活周转的空间就越少，讽刺的是，我们自己的路也会越活越窄。

你可以在家里四处走走，将用不到的东西装在垃圾袋或箱子里，把这当成为你的思想和身体腾出更多空间。给你自己一些空间，让你的脑子得到休息。希望不再有那么多值得恼火的事？希望不再有那么多东西诱惑你或刺激你？那就舍弃更多吧。

最好的车子并不是回头率最高的那一辆，而是最无需你操心的那一辆；最好的衣服是那件最舒适的、让你花最少时间挑选的——与杂志所推崇的时尚无关。对你来说，最好的房子是最让你有家的感觉的那一幢。不要把钱花在购买孤独、头痛或是对身份地位的焦虑上。

你的祖母之所以给你那枚胸针，并不是让你时时担心自己会把它弄丢的；绘制你墙上那幅画的艺术家的辛苦劳动，也不是让你生怕哪个客人会把画弄坏的；在夏日的安圭拉岛留下的美好回忆，并不能真的装进那座雕像之中；你与伴侣的爱情，也不仅仅留存在你们俩的婚礼照片里。真正重要的是回忆本身，是体验本身，想要重温时，这些东西随时都在，没有任何小偷能将它们从你身边夺去。

你仍然会听到有人说，他们的生活中没有谈恋爱的空间，他们说得没错。这些人的财物占用了太多的空间。他们爱的是物品，而不是人。

为了给多出来的那几间从来没用过的卧室还贷，父母两人加班加点，虽是一家人，却经常见不到面？因名声大噪而永远在巡演的路上，以至于与自己的孩子形同陌路？让人绞尽脑汁也摸不出门道还总出状况的所谓“高科技”？让我们无时无刻不在清理、擦拭、保护，还试图拐弯抹角地在谈话中炫耀的昂贵易损的物件？

这根本不是什么富有的生活。这样的生活，毫无宁静可言。

行动起来，从你的物品堆里爬出来吧。学会舍弃，把你不需要的东西捐给他人。

我们生来孑然一身——没有财物，没有负担。但自从人们第一次为幼小的你量体裁衣的那一刻起，各种东西便被不断地强加于你。而你，则不断将自己身上的大堆锁链接续得更长。

寻求独处

喧嚣的世界会将独处当成寂寞，而寻求独处，则被视为反常。

——约翰·格雷夫斯[①]

莱昂纳多·达·芬奇有一个习惯，那就是在他的笔记本上给自己写一些小寓言故事。其中一个故事讲的是，在一片美丽的小树林里，繁花丛中有一块大石头，石头身边是一条繁忙的乡间公路。虽然身处宁静之中，石头却渐渐变得烦躁起来。“我在这些植物里做什么呢？”它想，“我要和我的石头同伴们在一起。”

于是，这块孤单而不快乐的石头努力从山上滚到道路上，终于来到了数不清的石头之中。但是，这一改变并不像它预期的那样美好。滚到泥土之中的石头，被马蹄踩，被车轮轧，被行人踏，被泥土和粪便交替覆盖，被敲打、推撞、移动——它偶尔看到自己曾经的家园以及所放弃的安宁独处的生活，眼下的痛苦更显得难以忍受了。

达·芬奇并不满足于在此收尾，而觉得必须再加一笔来点睛。“离开孤独沉静的生活，选择在城市中与满身弊病的人一起生活的

① **约翰·格雷夫斯**（1920—2013）：美国作家。——译者注

人啊，”他对自己以及我们每一个人写道，“这就是你们的下场。”

当然，达·芬奇的传记作者很快就指出，他本人也并非一向遵从这则寓言的教训。他一生绝大部分时间都是在佛罗伦萨、米兰、罗马度过的。他在繁忙的画室作画，参加许多演出和聚会，甚至到了晚年也没能享受无人打扰的退休生活，而是在法兰西国王弗兰西斯一世熙熙攘攘的宫廷中度过了余生。

他的职业要求他必须这样做，我们中许多人的职业也是如此。

正因如此，寻求独处才如此必要。要像奥根·赫利格尔所描述的佛教徒一样找寻这种状态：“无需去遥远僻静的地方，他会从自身创造出这种状态，并向周围散播，因为他热爱这种状态。”

在创作《最后的晚餐》时，达·芬奇会早早起床，先于他的任何助手或旁观者来到修道院，以便安静地独自面对自己的思想以及面前这巨大的创作挑战。众所周知，他会离开画室，独自一人走很长的路，随身带一个记事本，四处观察，将周围的环境真真切切地收于眼底。他也很喜欢到他叔叔的农场里去寻找灵感和独处的时间。

想要在挤满了人的房间里进行思路清晰的思考，是很难的。如果你从不独处，那么了解你自己也是很难的。如果你的人生就如一场永不停歇的派对，而你的家则乱如施工现场，那么清晰的思路和洞见也是难以获取的。

有时候，想要更好地与你自己和你所服务或热爱的人心心相印，你就必须选择切断联系。

美国前国防部长、四星上将詹姆斯·马蒂斯曾说过：“如果要我总结出信息时代高层领导人一个最大的弊病，那就是缺少自省。独处能让你主动反思，而其他人则在消极应付。我们需要独处，以便将注意力放在有前瞻性的决策制定上，而不是在问题出现后才慌忙应对。”

我们的生活缺乏宁静，这是因为独处的时间不够；而独处的时间不够，是因为我们不去寻求或培养宁静。这是一个恶性循环，不但遏制了静思和自省，还会从而阻滞独处时常会出现的好创意。

突破性的灵感仿佛总在洗澡或远足时出现，其频率之高，让人称奇。什么样的环境无法催生这些灵感呢？在酒吧里扯着嗓子交流，一连看了 3 个小时电视还不罢休，接二连三、不留间隙地安排会议，简直是在挑战对彼此的容忍程度。

如果如历史学家爱德华·吉本所说，独处是天才的学校，那么这拥挤而嘈杂的世界，就是愚人的炼狱。

在房间喧闹起来之前，在电话铃声响起之前，或在踏上通勤道路之前，谁不处在一个相对宁静的状态中呢？当四下皆静时，当私人空间被尊重时，谁不能更好地体悟当下的意义呢？独处时，时间会慢下脚步，虽然刚开始的时候我们会觉得这种速度难以忍受，但如果不对忙碌的人生做一盘点，我们最终会发疯的。就算不发疯，也一定会错过一路美景。

独处不仅适用于遁世之人，也适用于身体健康、心智健全的普通人。虽然如此，我们还是能从那些善于独处的人身上学到一些经验。

1941 年，26 岁的托马斯·默顿来到肯塔基州巴兹敦的客西马尼修道院报到，以此为开端，在之后的27年时间里，他踏上了多条僧侣静修的探索旅程。他的静默独处并非怠惰的休息，而是一种对自己、对宗教、对人性的积极探索，后来更是延伸到了如不平等、战争以及不公等重大社会问题上。从他隽永的日记中，我们可以找到深入人类经验的洞见，如果默顿将他的时间花在报纸编辑室甚至大学校园里，那这些洞见也就无从谈起了。

他将独处称作自己的天职，他写道：

> 早晨祈祷、工作，下午劳作、休息，到了晚上，夜幕笼罩大地，寂静用黑暗和繁星将它自己填满，再一次坐下，静静冥想。这是一份真正的、特殊的天职。几乎很少有人愿意将自己全然托付给这样的寂静，任其浸透他们的骨髓，只呼吸这寂静，被这寂静所供养，将生活的核心，也变为活生生的、时时觉知着的静默。

相较于默顿的静修，微软创始人、慈善家比尔·盖茨有一套更易模仿的方法。许多年来，他都会进行每年两次的“思考周”——在林间一幢小木屋里独自待7天时间。在那里，平时被繁忙工作干扰的他，能够真正坐下来静思默想。

在小木屋里，他虽然独自一人，却几乎从不孤单。他会一口气静静阅读几个小时——有时候能读几百份报纸，他有时阅读纸质报纸，有时则在对着湖面的显示屏上阅读。除此之外，他还会在一间摆放着大作家维克多·雨果肖像的图书室里读书。他还会给公司上上下下的人员写长信。用几分钟的时间打桥牌或是散步，这就是他唯一的休息。在小木屋独处的这段时间，盖茨仿佛是托马斯·肯皮斯[①]的诗句的写照："我四处寻觅，却不得安宁，唯有手捧书籍，安于一隅。"

不要错把这种静修当成某种休假。这是艰苦的劳动——长时间的工作，有时甚至夜不能寐。这是与令人费解的问题、互相矛盾的想法以及挑战自我的概念之间的角力。尽管挑战重重，在结束思想周后，盖茨仍会感到神清气爽，视野焕然一新。他能够看到更远处的风景，也知道哪些问题该优先处理，哪些应分配给员工去执行。带着树林的静谧，盖茨再次回到了那个作为商人和慈善领军人的他所不得不披荆斩棘寻找出路的纷扰世界。

我们每一个人都必须将身体置于一个能够处理这种深度工作的环境中。就像弗吉尼亚·伍尔夫[②]所说的，我们需要给自己的身体"一间属于自己的房间"——即便只是忙里偷闲的几个小时，从而进行思考，求得安宁和独处。在开悟之路上，佛陀需要隐居遁世。也就是说，他必须离开俗世，独自一人遁入山林，打坐冥想。

专门腾出时间并非易事，远行也是麻烦重重（还很费钱）。我们都有自己的责任，但是，我们的暂时消失对这些责任是有益的。在独处时获得的宁静，会被我们以耐心、理解、感恩以及洞见的形式带回生活中来。

---

① **托马斯·肯皮斯**（1380—1471）：文艺复兴时期欧洲宗教作家，积极提倡灵修。——译者注

② **弗吉尼亚·伍尔夫**（1882—1941）：英国作家，被誉为 20 世纪现代主义与女性主义先锋。——译者注

在达·芬奇的寓言中，那块石头为了活在路上而放弃了草丛中宁静的独处生活，最终却悔不当初。默顿也偶尔会为自己完完全全的避世独居而心生悔意。若是做个俗世之人，他是否能有更多成就？如果放弃遁世，他能否对世界产生更大的影响呢？

没错，很少有人愿意或能够让独处成为生命的全部，也不应这样去做（编舞大师崔拉·夏普就说过，“没有目的的孤独”是创造力的杀手）。即便是默顿，也从修道院长老那里得到特许，可以通过书信和写作与外界取得联系，并最终开始到各处面对大批听众进行演讲。这是因为他的作品太过重要，而他获取的洞见也极为关键，锁在肯塔基州树林中一幢狭小的砖房里，实在太可惜了。

默顿最后渐渐理解，在林中独处了如此长的时间之后，他已经将孤独放在了心中，并可以依喜好随时取用。拥有智慧的忙碌之人也明白，只要肯去寻找，孤独和宁静永远都在自己的口袋里：登台演讲前的几分钟，或是会议前在酒店房间里的静坐；家里人起床之前的清晨，或是全世界都已沉睡的深夜。

好好把握吧。把这些时光空出来，悉心呵护吧。

劳逸结合，拒绝过劳死

马儿因劳作而死。每个人都应记住这一点。

——亚历山大·索尔仁尼琴

与绝大多数的王室夫妻相比，维多利亚女王与萨克森-科堡-哥达的阿尔伯特亲王是非同寻常的一对。他们不但彼此真心相爱，作为国家元首，他们也认真对待自己的工作，并切实付出了努力。一切都很顺遂。

但我们也可以说，一旦做过了头，任何积极的特质都会变成一种缺陷——即便是对工作的努力。

对于这两个人而言，作为因工作性质而连“工作与生活的平衡”都不可想象的一对夫妻，他们自律和敬业的美德，却成了一个致命的弱点。

阿尔伯特是一位入赘英国王室家族的巴伐利亚王子，从迎娶维多利亚的第一天起，便勤勤恳恳地对待工作。他为他的女王带来了生活中急需的秩序与规则。他简化了流程，并担负起之前落在维多利亚一个人身上的部分重担。的确，那个时代的许多被称为维多利亚式的特质，都是发端于他的。他有条不紊、一丝不苟、野心勃勃，且保守严谨。

在他的坚持之下，两个人的日程表变成了一个接一个的会议、一封又一封的电报、一场又一场的社交活动。阿尔伯特几乎永远都在忙碌，他拼命工作，有时甚至会因为压力而呕吐。他从不会逃避任何一个责任或机遇，而是将妻子愿意与他分担的每份权力带来的重任都肩负起来，由此，两人一起将当时的君主政权对于大英帝国施加的所有官方和非官方的支配权都牢牢把握。他们是一对工作狂，并对此引以为豪。

就如阿尔伯特在一封信中所说，每一天，他都要花几个小时的时间阅读德语、法语以及英语的报纸。他表示："若是忽略了什么信息，我就有可能会忽视事件之间的联系，并由此得出错误的推论。"他说的没错，这的确关系重大。比如说，他对于地缘政治的深刻理解，就曾帮助英国免于卷入美国内战之中。

但是，阿尔伯特对于那些不太重要的事也同样倾注了大量精力。比如说，1851 年，伦敦世界博览会开幕，这是一次长达 6 个月的狂欢节，将当时英国的所有珍奇异宝都呈现给世人，而博览会的策划工作，则耗费了他数年的精力。博览会开幕的前几天，他给他的继母写信说："我因劳累过度而被折磨得半死不活。"毫无疑问，这的确是一场宏大而难忘的盛事，但他的身体也因此再也没能完全恢复。

阿尔伯特有点像温斯顿·丘吉尔，但是他和他的妻子都不知凡事适可而止，也很少娱乐消遣。"在我的眼中，我的工作就像是在碾磨的踏板上卖苦力。"阿尔伯特曾经说。如此形容他和维多利亚那辛劳而重复的生活，其实并不过分。从 1840 年起，维多利亚在

17 年的时间里生了 9 个孩子，其中 4 个是在连续 4 年的时间里诞下的。在那个女人经常在生产过程中丧命的年代（氯仿麻醉药在她怀上第八胎时才问世），身高只有 1.52 米的维多利亚女王却频繁怀孕。即使有帮手料理家务，在女王的职责之外，她的身体也承受着巨大的负担。她去世时，人们发现她患有子宫脱垂和疝气，这一定让她长期忍受了难以想象的病痛。

拥有一个大家庭无可厚非——王冠毕竟需要后继有人，但这对夫妻仿佛从来没有想到，自己在这些事上是有主动权的。“人是沉迷于负担的野兽，”阿尔伯特在写给兄弟的信中说，“只有在不得不拖着自己的负担、几乎没有自由意志的时候才会满足。每一天，我的经验都在教我更深刻地认清其中的真相。”到头来，阿尔伯特和维多利亚几乎根本没有过上享受特权、轻松自由的生活，相反，他们的生活是由一个接一个的职责组成的无限循环，需要他们以强加给自己的危险极速去一一处理。

两人的婚姻得以维系，证明了他们对彼此的真情。维多利亚至少认识到了这些工作对阿尔伯特造成的伤害。她曾经写到过他“对于工作的过度热爱”对两人的感情造成的影响，也注意到他的健康状况日渐恶化。思绪翻腾的大脑让他夜不能寐，他的肠胃痉挛，皮肤也松弛了。

阿尔伯特并没有理会这些警报，而是迎难而上地坚持了数年之久，愈发努力地工作，强迫自己的身体妥协。最终，在 1861 年，他的身体选择了放手。他气力衰竭，渐渐陷入昏迷。12 月 14 日晚 10 点 50 分，阿尔伯特呼吸了人生中最后的三口气，然后离开了这个世界。死因是什么？答案是因巨大压力而进一步恶化的克罗恩病。可以说，他真的是因“呕心沥血”而死的。

现代医学也远远不能让我们免于这些悲剧。在日本和韩国，人们把这称为“过劳死”，意即过度工作导致的死亡。

这是你想要的结果吗？一匹一生拖着重担直到累倒死去、咽气时仍足钉马掌、身披挽具的驮马？这难道就是你来到这个世界的宿命吗？

请记住，顶尖运动员的主要致伤原因并非绊倒摔跤，也非碰撞，而是过度劳损。投手和橄榄球四分卫会手臂脱臼，篮球运动员会拉伤膝盖韧带，其他人则会不堪于长时间的艰苦训练和巨大压力。迈克尔·菲尔普斯因身心俱疲而提早结束了他的游泳生涯——尽管获得了许多金牌，他却再也不愿踏入泳池一步。我们很难因此而责备他：为了减少短短几秒的比赛用时，他将包括精神和身体健康在内的一切置于其后。

相比之下，埃鲁德·基普乔格这位有史以来最伟大的长跑运动员之一，却为避免过劳而付出了积极的努力。在训练中，他刻意不使出全力，而是将精力保留到每年寥寥可数的比赛中再使用。他偏向于用 80% 的能力进行训练——偶尔也会达到 90%，目的是维护运动员的持久力（以及精神健康）。迈克尔·菲尔普斯之所以能在 2012 年的精神崩溃后重返泳坛，就是因为他愿意以一种全新的方法和更为平衡的态度来面对训练。

调整节奏是一件运动员们随着年纪的增加而往往不得不接受的事情，年轻运动员认为自己拥有无穷无尽的能量，因此会不必要地把自己推到极限。没错，对于你做的事情拼尽全力，其中的确蕴含着纯粹和意义——但相比于一场冲刺，人生更是一场马拉松。从某种程度来说，这就是自信和自大之间的不同。你能否对自己的能力抱以足够的信心，甘于量力而行呢？你能否去呵护赢得人生这场长跑所必需的至静力和内心的平和呢？

纳粹分子写在奥斯维辛集中营大门上的一句口号无异于一个恶毒的谎言："劳动给你自由。"①

不。不。不。

有句俄罗斯谚语说得好："工作只会压弯你的脊背。"

人并不是沉迷于负担的野兽。没错，我们都担负着重要的责任——为了我们的祖国、我们的同事，也为了给家人提供温饱。我们中有许多人天赋异禀、才华横溢，无论是对自己还是对这个世界，我们都有责任将才华挖掘和展现出来。但如果不好好照顾自己，或是把自己绷到极限，我们就无法充分发挥自己的潜力了。

人们讲到铁路工人约翰·亨利的传说②时，往往会忽视其中的寓意。他向蒸汽钻机提出挑战，并凭借巨大的力量和超人的意志获得了胜利。这故事很精彩，也很鼓舞人心。只不过，他在故事的最后丧了命，而且是劳累而死。"在现实生活中，"乔治·奥维尔③分

---

① 值得一提的是，希特勒之所以在第二次世界大战临近结束时陷入谵妄，从很多方面而言也是过劳带来的结果，这一点颇具讽刺意味。

② 故事大意为，美国南北战争之后，铁路越修越多，铁路公司想用蒸汽钻机代替钢钻工。一位名叫约翰·亨利的黑人钢钻工奋力与钻机较量，并取得了胜利，但也因劳累而死。——译者注

③ **乔治·奥维尔**（1903—1950）：英国小说家、记者、社会评论家，代表作《动物庄园》和《1984》。——译者注

析道，“能让铁锤断裂的，唯有铁砧。”

工作不能给你带来自由。如若不小心，工作是会让你把命弄丢的。

对于阿尔伯特亲王的孩子们而言，他们一定会毫不迟疑地用一场不那么精彩的博览会换得父亲多在世上停留一些时日，维多利亚女王和英国国民也一样。

那封让你觉得必须立即回复的电子邮件，放放也无妨。你的剧本进度无需赶得太急，甚至可以在两部剧本之间稍事休息。要求你在办公室过夜的人，归根到底只有你自己。你完全可以说不，也完全可以选择不接那个电话，或是不参与那场临时决定的旅行。

筋疲力尽的人是无法做出好的决策的。当你因过度工作而身心俱疲的时候，还能拥有什么精神生活、进行什么样的思考呢？这是一个恶性循环：在本该休息、本该有所觉悟地拒绝而非条件反射地应承时犯下的错误，到头来仍要我们付出更多精力予以弥补。我们将善意的人拒之门外（也因此失去了亲友情谊），只因为我们精神紧绷、心浮气躁。

还记得罗伯特·厄尔·基恩[①]的《前廊之歌》里“工作总也做不完”的“大汉”吗？那种失去了创作过程中的快乐的艺术家，那种将灵魂之矿开采一空、灵感枯竭的艺术家，难道是你的宿命吗？

---

① **罗伯特·厄尔·基恩**（1956— ）：美国歌手。——译者注

该缓慢凋零，还是燃烧殆尽——这是科特·柯本[1]自杀信中的问题。这怎么会成为一个让人两难的选择题？

英文中的“人类”之所以叫作“human being”而非“human doing”[2]，是有原因的。

凡事皆有度。

安住当下，知悉你的极限在哪里，这一点至关重要。我们每个人所拥有的身体都是一种恩赐，不要把它用到极限，也不要把精力耗尽。

珍惜这份馈赠吧。

---

① **科特·柯本**（1967—1994）：美国歌手，摇滚乐队涅槃乐队的主唱兼吉他手、词曲创作人。因不堪忍受胃痛、药物及商业化运作带来的压力，以及深感自己的音乐不被理解而开枪自杀，时年27岁。——译者注

② “being”意为存在，“doing”意为做事情。——译者注

好好睡觉

谈天说地要有时，睡眠静修亦有时。

——《奥德赛》

AA美国服饰这家10亿美元规模的公司之所以失败，原因有许多：巨额欠款，企业文化严苛，法律诉讼不断，门店开得太多……这些问题，都在公司2014年引起轩然大波的破产期间被多次报道。

但是，造成公司失败的因素之一——也就是导致超过一万人失业、让一家年销售额超过7亿美元的公司消失得无影无踪的重大原因，却被绝大多数旁观者所忽视[①]。

创立AA美国服饰之时，多夫·查尼有一个理念，要做一位亲力亲为的老板。从大学宿舍里的小生意起家，这家公司成长为全球性的零售商和世界上最大的成衣制造商，在此期间，他一直坚守这个理念。想到自己处于业务的每一个环节的核心，他的自负愈发膨胀起来。

他执行的是实打实的开门政策。打开的不仅是大门，电话和

① 而我却有机会亲眼目睹。（本书作者曾在AA美国服饰任职。——译者注）

邮件也一并公开。公司里任何一名员工，从缝袖子的工人到销售人员再到摄影师，只要遇到困难，都可以随时联系他。不仅如此，在公司经历的多次公关危机中，有一次，查尼竟把他的电话号码发到了网上，以供任何有问题的记者或消费者拨打。

这项政策在早期的确有其优势。查尼对公司里的大事小情了如指掌，也避免了官僚主义的滋生及其对员工士气的打击。但是，这些优势不但没能实现有效的规模化，后来反而对公司利益造成了损失。

当公司在短时间内在 20 个国家开设 250 家门店时，情况不难想象。2012 年，查尼每晚只能睡上短短几小时；到了 2014 年，他已经无暇安睡了。他怎么能睡得着呢？在世界某地的某个遥远的时区，总有人拿着问题让他兑现开门政策的承诺。另外，岁月不饶人的事实，也让情况愈发棘手。

追溯这家公司惨败的根源，很大一部分原因就是这日积月累的极度睡眠不足。这样的结果怎能不出现呢？研究表明，接近约 20 小时不睡觉时，我们的认知功能受到的损害与酒精中毒无异。大脑的反应变慢，我们的判断力也受到严重削弱。

2014 年，在一次转换调运设备的艰难过渡期，查尼搬进了装运和配送仓库，在一间狭小的办公室里装上了淋浴，放进一张折叠床。对于他本人以及一些忠实的追随者而言，此举是他为公司英勇奉献的实证。但实际上，错误的判断让这次过渡打从一开始便走偏了方向，加上他无时无刻不在现场，事无巨细都要干涉（彻夜不眠的时间越长，这些举动便愈发反复无常），到头来只让困境雪上加霜。

员工眼看着查尼逐渐陷入了精神失常的泥沼。他衣冠不整，目光涣散，被自己的脾气左右，连最基本的判断和分寸都无法拿捏；刚下的命令，他几分钟之后便会颠覆，仿佛已义无反顾地踏上了一条自我毁灭之路。但他毕竟是公司的老板，别人又能做什么呢？

最后，人们只得向他的母亲求助，让她把他带回家去，好言相劝，让他照顾好自己。但是，他早已无可救药了。即使搬回了平常的办公室，他仍会在深更半夜打电话给员工，乐在其中地聊工作上的事，直到迷迷糊糊地睡着，因为，因筋疲力尽而昏睡过去，这是他唯一能够让自己入睡的方法。

在仓库短住的几个月里，多夫·查尼随时都有可能失去对公司的控制权。几轮孤注一掷的融资，让他承受着很可能被人收购的风险，但他仍不计后果地一一接受。坐在亲手选拔的董事会面前，他将雀巢纯黑咖啡粉一袋接一袋地搅入凉水中，通过疯狂摄取咖啡因来保持清醒。等到离开会议室时，他已经丢掉了饭碗。

几个月之内，他所持的公司股份就变得一文不值。投资者和追债人在废墟中搜刮，却几乎找不到什么能够弥补他们损失的东西。现在的他，背负着对冲基金两千万美元的债务，甚至连律师也请不起。

这种剧烈的内爆，原因并不罕见。劳累过度的人制造出一场危机，却试图通过更努力地工作来解决问题。筋疲力尽的大脑让失误越堆越多，越是努力尝试，形势便越糟糕。越来越多的人对他们的牺牲无动于衷，他们继而愈发愤愤不平。

有人说："等我死了再睡也不迟。"无论从实际还是象征意义上来说，他们都是在加快这死亡的来临。他们不顾健康，只为多换来几个小时的工作时间；在某种一时的危机面前，他们竟拿企业或职业的长期生存能力作为交换。

如果我们将睡眠当作一种奢侈，那么一旦忙碌起来，第一个牺牲的就是它。如果睡眠是一件只有在所有事情都做完之后才能做的事，那么工作和其他杂事便会不停地来侵犯你的个人空间。你会感到心力交瘁、不堪重负，就像一台不予养护却被要求一直运转下去的机器。

哲学家亚瑟·叔本华曾经说过："睡眠是一切健康和精力的源泉。"他在另一个场合的阐释则更为精辟："睡眠是我们不得不为那笔在死亡时才收回的资本付出的利息。利息率越高，支付越准时，清偿的期限就越往后推迟。"

几年前的一天，阿里安娜·赫芬顿[①]在家中浴室的地板上醒来，浑身是血，头痛欲裂。原来，她因劳累过度而昏迷，颧骨也磕破了。当时，她的妹妹也在公寓里，身体撞到地板上时那让人揪心的声响，她至今仍记得。这件事对于两个人来说都是一次刻骨铭心的警钟。生活不应如此。用工作将自己彻底榨干，牺牲睡眠，只为换取一次额外的电话会议、在电视上多出现几分钟，或是与某个重要人物见一次面，这是毫无光彩可言的。

---

① **阿里安娜·赫芬顿**（1950— ）：美国新闻评论员、媒体人、商人，《赫芬顿邮报》联合创始人。——译者注

这不是成功，而是酷刑，没有人能长期忍受这样的折磨。的确，当你的身体为生存而挣扎，为最基本的运转而透支储备的精力时，你的思想和灵魂是无法平静下来的。快乐？宁静？硬要从周围的环境中榨出独处空间或美好体验？对于工作过度的人而言，这些都是痴人说梦。

狂饮 6 瓶红牛、两眼充血的工程师，是不可能享受宁静的。刚刚毕业——或毕业已久——却仍像大学生一样疯狂参加派对的姑娘，不善计划却誓要三天三夜不眠不休冲刺写完作品的作家，也体会不到宁静的滋味。一项 2017 年的研究发现，睡眠不足会增加消极的重复性思维。虐待身体，就会导致思想的自虐。睡眠是眼前工作的另一个方面——睡眠是在为我们体内的“电池”充电，想要完成工作，我们就必须补充这些“电池”的能量储备。睡眠是一种冥想练习，是宁静本身，是我们闭目休息的时间。睡眠之所以存在于我们的生理活动中，是有原因的。

我们能够投入工作、人际关系和自己身上的精力是有限的。聪明人明白这一点，也会谨慎地呵护自己的精力。伟大的人则会保护自己的睡眠时间，因为这是最佳精神状态的源泉。他们懂得拒绝。他们会在达到极限时听从身体的声音。他们不会允许自己的判断力因睡眠不足而被削弱。他们知道有些人不睡觉也能扛下来，但他们有足够的头脑和自知之明，明白每个人在得到充分休息的情况下都能表现得更好。

一万小时经典研究的主持者安德森·埃里克森发现，小提琴大师平均每晚要睡八个半小时，而且几乎每天都要睡午觉。（一位友人这样评价丘吉尔："他在古巴得出了一个发现，事实证明，对于他未来的人生而言，这个发现比任何新获得的军事经验都重要得多，这便是午间小憩的神奇提神作用。"）根据埃里克森的理论，比起稍逊一筹的小提琴手，伟大的小提琴手午睡的时间要更长。

禅宗大师白隐慧鹤是如何为他的伟大演讲《息耕录开筵普说》做准备的呢？靠睡眠，充分的睡眠。他睡得那么久，那么酣畅，以至于一个学生说"他打鼾的声音如隆隆雷声响彻屋内"。这种状态持续了一个多月的时间，其间，白隐禅师只会醒来接见偶尔上门的访客。但即便如此，他每隔片刻都要低下头去，沉入惬意而安宁的小睡之中。

尚未理解睡眠神力的学生们开始担忧起来。定好讲禅的日子眼看就要到了，师父到底会不会认真准备呢？还是说他就打算这样把时间浪费在睡觉上？学生们恳求他，趁着还有时间，赶紧开始准备工作，而他却只是翻了个身，又继续睡去。到了最后期限，白隐禅师终于从容不迫地起身了。他坐在那里，把学生召来，以无比清晰的思路开始说禅。

他的演说道尽玄机，精彩绝伦。

这便是得到了彻底休息，从而能够悉心关照身体的大脑的产物，也是一个能够安然入睡的健康灵魂的产物。其中的真谛，流传百世。

如果你想得到平和，只需去做一件事。如果你想成为最好的自己，只需去做一件事。

好好睡觉吧。

找到自己的爱好

> 一个人的空闲时间以什么活动来填满，这是个重要问题。
>
> ——亚里士多德

年长丘吉尔一代、曾四次担任英国首相的威廉·格莱斯顿，有一个不同寻常的爱好——他喜欢到自家附近的树林里去砍树。

他砍的都是参天大树，而且是徒手用斧砍。

1876 年 1 月，他花了整整两天的时间，砍伐一棵干围约 5 米的榆树。从格莱斯顿的日记中，我们可以读到，他曾一千多次拿着斧头到森林中去，还常常带着家人，把这当成远足。据说，他觉得砍伐树木的过程很费力，除了下一斧应该落在哪里之外，他无暇去想其他事。

许多批评者都指责格莱斯顿的习惯具有破坏性，其中一位恰好是丘吉尔的父亲。但实际上，格莱斯顿一生也种了许多树，修剪过的树更是成百上千，他积极保护住所附近森林的生态平衡，并坚信移除死去或腐朽的树木是一项微小而又意义重大的工作。在回应一些人质疑他为什么砍倒一棵特别的橡树时，他解释说，清除林中腐朽的组成部分，可以使更多的光线和空气被健康的树木吸收——就像在政坛中一样（这个玩笑立刻博得了人们的欢呼）。他的女儿们还将父亲砍下的树枝制成的木条作为纪念品拿出去售卖，为慈善事业筹集资金。

但最重要的是，格莱斯顿对树木的兴趣，其实是一种因政治事务和生活压力而常感疲惫的大脑的休息。从19世纪80年代到90年代早期，在作为首相的后三个任期中，格莱斯顿曾逾三百次来到树林中观察或砍伐树木。当然，斧头并不是他用来放松或回到当下的唯一工具。据说，一直到老年，格莱斯顿一直热爱进行高强度的徒步旅行以及登山运动，在他的日记中，出现次数比砍树更多的唯一一件事便是阅读（他一生收藏和阅读过大约25 000本书）。这些活动是一种从政治事务压力中的解脱，也是一项付出总能带来回报且对手们无从干预的挑战。

若没有这些释放的阀门，谁知道他能否成为一位如此卓越的领袖呢？若没有在树林中习得坚持、耐心、全力以赴以及势头和重心的重要性，他还能为自己坚信的事业打好这场漫长而漂亮的战役吗？

当然不能。

绝大多数人听到“休闲”一词，便会想到四处闲逛或无所事事，这其实是对一种神圣理念的歪曲。在希腊文中，“休闲”一词被写作“scholé”，也就是“学校”（school）。在历史上，休闲的意思便是摆脱生存所需的工作，摆脱理智和创造上的追求。休闲指的是学习、研究，以及对更高境界事物的追寻。

随着社会的进步，工作越来越不依赖于体力，但对脑力和精神的耗损却越来越大，因此，包括从阅读到木工在内的各种各样的活动，也越来越普遍地被作为休闲。举个例子，耶稣就曾在水边与他的门徒一起悠然垂钓。塞涅卡曾写过苏格拉底怎样喜爱与孩童玩耍，加图①怎样喜爱饮酒怡情，大西庇阿②又是如何钟情于音乐。而我们也知道，塞涅卡在政治事务之外的休闲，便是给友人写深刻而富有哲理的信。约翰·凯奇培养起采蘑菇的爱好。他表示，漫步于林间可以让思想驰骋，吸引灵感“像鸟儿一般飞进头脑中来”。弗雷德·罗杰斯有游泳的爱好。阿维拉的圣特蕾莎热爱舞蹈，第一位进入太空的非裔美国女性梅·卡罗·杰米森也是。西蒙·玻利瓦尔也发现，跳舞对于平衡国务和革命所带来的重担颇有功效。作家大卫·塞达里斯喜欢在他英国寓所附近的乡间小路上散步捡垃圾，经常一走就是几个小时。约翰·格雷夫斯倾注心血，在得克萨斯希尔县潜心开辟自己的牧场，修理篱笆，饲养牲畜，开垦土地。赫伯特·胡佛③非常喜欢钓鱼，还为此写了一本书，书名是《钓鱼的乐趣》。

剑法凌厉的剑术家宫本武藏④，在晚年却养成了绘画的习惯，并表示每种形式的艺术都会相辅相成。的确，自古以来，花道、书法以及诗歌一直颇得日本将军与武士们的钟爱，这是一种相反事物的巧妙搭配——力与柔，静与动。白隐禅师在绘画和书法上颇有造诣，在一生中创作出千百幅作品。美国职业篮球联赛冠军克里

① **加图**（前95—前46）：古罗马政治家。——译者注

② **大西庇阿**（前236—前183）：古罗马统帅、政治家。——译者注

③ **赫伯特·胡佛**（1874—1964）：第31任美国总统。——译者注

④ **宫本武藏**（1584—1645）：日本江户时代初期剑术家、兵法家、艺术家。——译者注

斯·波什自学了编程。爱因斯坦有他的小提琴，毕达哥拉斯有他的里拉琴。约翰斯·霍普金斯大学创始人威廉·奥斯勒曾对有志从医的学生说，当化学或解剖学让他们身心疲惫时，“就从伟大的莎士比亚身上寻找慰藉吧”。

阅读、拳击、集邮……无论什么都行，让这些活动放松你的身心，给你带来宁静。

约瑟夫·皮柏[①] 在关于休闲的文章中写道：“‘从容不迫’的能力，是人类灵魂最基本的能力之一。”有趣之处就在于此。这是一种身体的状态——它是一种身体活动，通过某种方式让灵魂更强健、更有活力。休闲并非活动的缺失，相反，它就是一种活动。缺失的应该是外部的种种理由——你不能为了报酬而休闲，也不能为讨好别人而休闲。

之所以休闲，只能是为了自己。

好在，休闲的内容可以包罗万象。砍伐树木可以，学习另一种语言也行，露营或修理旧车，写诗或编织，跑马拉松，骑马，或是带着金属探测器在沙滩散步都行。或者，像丘吉尔一样拿绘画或砌砖作为休闲也可以。皮柏说，休闲就像睡前的祷告，它或许能助你入眠——就如休闲或许有助于你把工作做得更好——但是，其意义并不止于此。

很多人都会用剧烈的运动来释放自己。诚然，运动或许会让他们在工作中变得更强，但那并不是他们运动的理由。让身体动起

① **约瑟夫·皮柏**（1904—1997）：德国哲学家。——译者注

来，调动精神来克服身体上的局限，这是一种沉静的状态。长距离游泳的重复，举重的挑战，以及冲刺带来的急促呼吸——即便有痛苦相伴，这仍是一种净化身心的体验。在汗水即将渗出肌肤时，当我们能够感到将压力从灵魂的幽暗处挖掘出来，抬升至显意识中，再释放出身体时，那种体验，真的很美好。

荀子有言："身劳而心安，为之。"西方有许多哲学家练习举重和拳击，东方哲学家多练习武术，这是有原因的。这些都不是简单的运动，如果在进行时心不在焉，那就必然惨败。

休闲的重点不仅仅是打发时间或分散注意。相反，其意义在于投入一项同时给我们挑战又让我们放松的活动。孔子的弟子们发现，老师在燕居时"申申如也，夭夭如也"（另外，他也非常擅于做"鄙事"），就是这个道理。休闲是一个在另一种背景下修习和内化宁静的机会。

奥维德[①]曾说过，正是在这样的闲暇中，"我们展现出自己是什么样的人"。

组装一套拼图；努力跟上一堂吉他课；在一个静谧的早晨坐在狩猎小棚中，一边架好来复枪或弓箭，一边等候鹿的出现；或是在收容所里为无家可归之人盛汤。我们的身体忙碌着，但思想却是敞开的。我们的心灵也一样。

当然，休闲也很容易成为一种逃避，但一旦如此，休闲也就不再算是休闲了。当我们将一件放松身心的事变成一种非做不可的

---

① **奥维德**（公元前 43—公元 17）：古罗马诗人。——译者注

义务，那么这件事便不再是休闲，因为我们失去了选择的自由。

这样做，是没有宁静可言的。

虽然我们不希望休闲成为工作，但还是要有意为之腾出时间。“对我来说，”尼克松在他的回忆录中写道，“远离工作往往比埋头苦干更困难。”在工作中，我们是忙碌的，是被需要的。我们拥有权力，能够得到认可；我们置身于冲突矛盾和紧迫感中，且要面对无休止的纷繁事务。尼克松说，持续不断的埋头苦干“对于出色的表现是绝对不可或缺的”。但是话说回来，他的表现真的那么出色吗？难道埋头苦干就是一切吗？

在闲暇之中，我们与自己独处，活在当下。只有我们，一杆鱼竿，还有钓线落入水中时发出的声音。我们与那份等待共处，所有的刻意控制都被置诸脑后。我们潜心面对正在学习的那门语言的单词卡。我们是初学者，因而可以谦逊地承认自己的生疏，但同时又对过程充满信心。

没有人逼迫我们。如果实在力不从心，我们可以走走捷径或玩些伎俩（来骗自己），而不用担心会有什么后果。没有人拿钱来激励我们，没有报酬，没有认可，有的只是体验。想要修好休闲这门功课——活在当下，打开心扉，目的纯粹，身心合一——是很困难的。我们不能让休闲成为一份苦工，成为又一件必须掌控或是用来掌控别人的事情。我们要对自律有所节制，要对平衡掌握分寸。

生活的意义在于平衡，而不是从一个极端摆动到另一个极端。有太多人在工作与无节制的活动之间辗转，无论是电视、食物、电子游戏，还是一边躺着一边纳闷为什么会感到无聊。生活中的混乱，使我们在计划休假时也同样手忙脚乱。

“独自一人坐在画布前？参加读书会？花一整个下午骑自行车？砍树？谁有那样的闲工夫呀！”

如果丘吉尔有时间，如果格莱斯顿有时间，那么你也有时间。

“如果暂时搁下，我的工作不会因此遭殃吗？”

塞涅卡指出，我们在工作上如此甘愿为不确定的回报铤而走险，但为了换来片刻悠闲，我们竟然连一分钟的险都不敢冒。

不必为优哉游哉而感到愧疚。这不是轻率之举，而是一种投资。进行似乎没有目的的活动，是一种对身心的滋养——它的目的正在于此。

休闲同时也是对我们所做的工作的奖励。想到理想的“文艺复兴式人物”，我们眼前浮现的是一个既活跃又忙碌的人，但此人同时也获得了充实和平衡。了解自己是你取得的成功所带来的特权。从更高境界的事物中获取满足和愉悦吧，这是你当之无愧的权利。这些东西本应属于你，拿来为己所用吧。

腾出时间，建立一套纪律。

这是你应得的，也是你必需的。因为，你的宁静就取决于此。

不要逃避

悲伤如我！我该如何逃避无尽的愤怒、无尽的绝望？无论逃到哪里都是地狱。我自己就是地狱。

——约翰·弥尔顿

在经历了小说《问尘奇缘》的意外失败带来的毁灭性打击之后，约翰·芬提[1]需要暂时逃离。他本想上路远行，离开他的伤心地洛杉矶和加州，但他做不到。一来囊中羞涩，二来，他的编剧事业正在发展，没法离开好莱坞。而不久之后，他又步入了婚姻，有太多孩子等着他抚养。

经年累月，他找到了许多麻痹自己的方法。他会接连几个小时地玩弹球（他对弹球是如此上瘾，以至于被威廉·萨洛扬[2]作为《你这一辈子》中的一个角色，永远记录下来）。他会在好莱坞的酒吧中与菲茨杰拉德和福克纳一起，一喝就是几个小时。他会几个小时地沉迷于高尔夫球场，将他那耐心的妻子乔伊斯扔在家中。

芬提追寻的并非疗愈，也非休闲，而是对现实生活的逃避。

---

① **约翰·芬提**（1909—1983）：美国小说家、编剧，1939年的半自传体小说《问尘奇缘》是他最为著名的作品。——译者注

② **威廉·萨洛扬**（1908—1981）：美国小说家，作品《快乐时光》曾获普利策戏剧奖。代表作有话剧《你这一辈子》、小说《人间喜剧》等。——译者注

用芬提自己的话说，他打高尔夫球、读书、喝酒，以此回避写小说，就这样浪费了数十年的时间。因为，这些事给他的感觉要好过一次次遭到拒绝。因为，与孤身一人坐在屋里与曾让他写出如此优美文字的魔鬼做斗争相比，这些事要简单得多。

这就是休闲和逃避之间的区别。关键在于意图。旅行的确很美好，但在约翰尼·卡什的人生中，它可能是种悲伤的选择。他的第一次婚姻破裂，音乐逐渐公式化，他无法从中找到满足感。一次漫长的巡演之后，在洛杉矶着陆的他并没有回家，而是走到柜台，提出要买一张机票。去哪里呢？“下一班飞机到哪就去哪。”他这样告诉售票员。

绝望，总与躁动相随。

问题是，你无法逃离绝望。用身体，是无法逃离存在于你思想和灵魂中的问题的。你无法逃避你的选择，只能用更好的选择来补救。

度过一个美好的假期（尤其是以寻求独处和宁静为目标的假期）或是打一场高尔夫球，当然无可厚非，就如为舒缓情绪而开一瓶啤酒一样无伤大雅。丘吉尔就是个钟爱旅游和香槟的人，无奈他的高尔夫球却打得很臭。

然而，那些狂躁或痛苦之人却往往认为，现实中或是通过药物实现的逃避是件大好事。诚然，旅行带来的兴奋，冲浪带来的刺激，或者迷幻药带来的异样体验，的确能稍微缓解生活中积聚的压力。你或许可以拍到些光鲜的照片，或是用些故作深沉的姿态来博得朋友的赞赏。

但是，当这一切过去之后呢？还剩下什么？

在白宫任职期间，尼克松观看了近五百部电影。对于他所逃避的痛苦，我们都心知肚明。而对于泰格·伍兹来说，毫无疑问，驱使他成瘾的，至少有一部分是逃避儿时残余伤痛的渴望。但每次跳上私人飞机赶赴拉斯维加斯，而不是向妻子（或他还活着的父亲）敞开心扉时，他都是在为未来的自己埋下更多的苦痛。对芬提而言，每次踏上高尔夫球场而非敲击打字机的键盘时，或是外出喝酒而不待在家里时，他虽可能得到暂时的解脱，却要为此付出高昂的代价。

当你选择拖延时，利息不会停止积累，账单仍会到期，而到了那时，还债要比现在更加困难。

生命中唯一无法逃避的，就是你自己。

任何一个经历过足够漫长的旅行的人都明白这一点。我们最终会明白，旅途中所携带的包袱，不仅仅是我们的行李箱和背包。

曾游历过英国、意大利、法国、马耳他、瑞士（也曾广泛游历过美国）的爱默生指出，那些建造出游客喜爱的景点的人，在旅行时往往不会去游客云集的地方。四处来来去去，是无法创造出伟大的东西的。你得稳扎稳打，就如地轴一般。爱默生说，那些以为能通过远离家乡的旅行来解决一切问题的人，那些以为盯着古罗马斗兽场或是一尊长满青苔的巨大佛像就能找到答案的人，都等于是把废墟带入了废墟。无论他们走到哪里，也无论做什么，那悲伤的自我都会如影随形。

一张飞机票，一粒药片，或是几把草药，这些并非捷径，而是永远跑不到头的仓鼠轮。只有坐下来好好下功夫，只有以真正的自我觉知和耐心来探索内心，你所追寻的东西才能实现。

心只有足够宁静，才能发掘出真相。你必须让浑浊的水沉淀下来才行。如果你只是从一个地方飞到另一个地方，只是用能想到的所有活动填满日程，以此避免花上哪怕一刻的时间与自己的思想共处，那么这一切都无从谈起。

公元前4世纪，孟子曾说人们是“道在迩而求诸远”。几代人之后的马可·奥勒留也指出，我们不必远离一切，只需审视内心。他说：“无论到哪里，都不比你自己的灵魂更加安宁，更远离干扰。”

下一次出现逃避、远行，或是将自己埋在工作或活动中的冲动时，我们需要及时提醒自己。不要预定横跨全国的机票，出去散散步吧；不要拿毒品麻痹自己，独处片刻，寻找一份宁静吧。那份我们生来就有的安宁，可以通过更简单、更便捷、从本质上更可持续的策略去寻得。在心中和脑中徜徉，让身体停留在原地吧。“一次短暂的神游就足以让你抵御一切，”马可写道，“使你回过神时，便已做好准备，迎接等待着你的一切。”

自我麻痹毫无意义，选择内观自省吧。

如果你此生所追求的是真正的安宁和明澈（这些也是你应得的），请相信，它们近在咫尺，而非远在天涯。像爱默生所说的，稳扎稳打，向内找寻吧。

找好自己的立足点。

站在镜前，好好打量一下你的“门面”。出生时，我们只被赋予了这一个身体——不要勉强做别人，不要勉强去别处。好好了解自己。

打造一个你无需逃避的人生吧。

勇敢行动

那些注意到这世上存在的需求并拿出行动的人……他们，就是我的英雄。

——弗雷德·罗杰斯

在法国小说家加缪的最后一本小说《堕落》中，独白者克拉芒斯孤身一人走在阿姆斯特丹的街道上，忽然听到像是女人落水的声音。他对自己听到的声音并不十分确定，更重要的是，仍沉浸在与情妇共度美好一夜的欣喜中的他不愿被打扰，因此继续往前走。

克拉芒斯是一位律师，在社区内享有很高的声誉。翌日，他回到自己的日常生活中，试图忘记自己听到的声音。他继续为客户代理案件，继续用有说服力的政治观点取悦他的朋友，仿佛一切如常。

然而，他开始感到有什么不对劲。

一天，在为一位盲人客户成功出庭辩护后，克拉芒斯感到自己在被一群想不起在哪见过的陌生人嘲讽和嗤笑。之后，在交叉路口走近一个摩托车熄火的车手时，毫无征兆地遭到羞辱和殴打。这些遭遇虽然并无联系，却撼动着他长期以来对自己所抱的幻想。

他的所作所为的苦果，并不是随着一次顿悟或一记重创而显现的。这是一个在不知不觉中慢慢得出的领悟，突如其来而不可逆转地改变了他对自己的认知：那天晚上，在运河上，他拱手放弃了一个救下自杀之人的机会。

这一领悟便是克拉芒斯堕落的开始，也是本书的重点。被迫面对自己的虚伪空疏和失败耻辱的他逐渐崩溃。他一向认为自己是个善良的人，但在需要拿出善心的瞬间（实际上是好几个瞬间），他却悄然躲进了黑夜之中。

对那声音的回忆不停地困扰着他。走在夜路上，那个女人的哭喊——那个他在多年前置若罔闻的哭喊，从未停止折磨他。这哭喊声也在玩弄他的感情，因为他唯一的救赎，便是希望能在现实生活中再一次听到这哭喊声，然后抓住机会跳入水中，把人从运河里救出来。

然而太晚了。他已毫无希望，永远也得不到安宁了。

这个故事当然是虚构的，但仍然深刻得一针见血，写在第二次世界大战时欧洲令人发指的道德沦丧的余波中，并非偶然。加缪给读者的信息，就像克拉芒斯回忆中那个女人的尖叫一般刺穿我们的内心：道德高尚的想法和内心活动是一码事，但真正重要的，却是你实际所做的。我们的精神理想是否健康，要看我们在关键时刻做了什么。

我们可以将克拉芒斯的痛苦和折磨与一位离我们时代较近的法国哲学家的例子做一对比。这位哲学家名叫安妮·迪富芒泰尔，2017 年，她因冲入海中救起两个孩子而溺亡，享年 53 岁，而这两个孩子并不是她自己的。在她的作品中，安妮经常提到冒险。她说，不冒险的生活是不存在的，实际上，生活本身就是一场冒险。

她曾在一次访谈中表示，正是在危险面前，我们才被赋予了“行动起来、勇敢奉献、超越自我的强大动力”。

在圣特罗佩海滩上那个千钧一发的时刻，面对一个选择转身走开或是及时行善的机会，她为精神理想全然奉献了自我。

哪种选择更好呢？是像个懦夫一样活着，还是像个英雄一般死去？是严重偏离你明知正确的轨道，还是毅然承担起重任？哪种选择更加成熟呢？对人类同胞的呼救置之不理，还是勇敢纵身一跃，在他们需要你时伸出援手？

宁静不是一个从世事中逃离的借口，恰恰相反——它是一个让你为更多人行更多善的工具。

佛教徒和斯多葛学派都不相信人们的“原罪”——即我们是一个堕落的、有缺陷的、支离破碎的物种。相反，他们相信我们生来就是好人。对他们来说，“顺其自然”和“做正确的事”有着相同的意思。对亚里士多德来说，美德不只是存在于灵魂中的某种东西，而是我们的生活方式，也是我们的实际行动。他将这称为“eudaimonia”，即“幸福”。

一个做出自私选择或行为违背良心的人是永远不会得到安宁的。一个人如果在别人遭受痛苦或奋力挣扎时袖手旁观，那么无论此人取得了怎样的成就，或是拥有多么如雷贯耳的名声，也永远不会心情舒畅，更不会品尝到满足的滋味。

一个经常做好事的人心中有满满的喜悦。一个为社区做出贡献的人会觉得自己是集体的一部分。一个利用自己的身体行善的人——志愿工作，保护弱者，服务他人，仗义执言——是不需要将身体当作一座游乐园去寻找刺激的。

美德并不是个抽象的概念。清理头脑，把必要和不必要的想法分开，不是为了练就什么哗众取宠的技艺；让自己不断进步，也不是为了变得更加富有或更加强大。

这样做，是为了拥有更美好的生活。

我们遇到的每个人和每种情况，都是证明这一点的机会。

就如童子军的一句由来已久的座右铭所说："日行一善。"

有些善举意义重大，比如拯救生命或者保护环境。但童子军也知道，有的善举是微不足道的，比如一个体贴的举动，帮邻居除草，在看到可疑情况时打电话报警，帮别人扶门，与学校里新来的孩子交朋友。有此善举的人是勇敢的，正是做这些事的人，让世界成为一个值得我们生活的地方。

马可·奥勒留曾说，无私行善应是一个持续不断的过程，"只有在那里，我们才能找到愉悦和宁静"。《圣经·马太福音》说："饥渴慕义的人有福了，因为他们必得饱足。"有太多的信徒似乎认为，拥有信仰就足够了。那些声称自己是这样那样宗教信徒的人，如果被突然抓来接受审查，又有多少是真正以慈爱、施舍、无私奉献为原则生活的？

真正重要的，是实际行动。

拿起电话，拨通号码，告诉对方他们对你的意义。分享你的财富。参加竞选。捡起地上的垃圾。在有人被欺负时见义勇为，即使恐惧，即使可能会因此受伤，也要挺身而出。讲真话。捍卫你的誓言，信守你的诺言。向倒下的人伸出援手。

去做那些有难度的善事吧。“你必须去尝试那些你做不到的事。”埃莉诺·罗斯福[①]说。

这的确令人畏惧，也的确并不总是一帆风顺，但是请切记，善良的另一面，便是真正的宁静。

想一想多罗西·戴，当然还有那些不那么有名的天主教修女，为了帮助他人，她们兢兢业业，呕心沥血。她们在物质和财富上或许有所匮乏，但是，在看到自己提供的避难所或是为社会边缘人士重建的自尊时，却会收获巨大的宽慰。与此相比，我们可以看看那些对子女百般呵护的“直升机父母”，满脑子都在盘算给自己仍在学步的孩子报什么幼儿园，还有那些挪用公款、只差一次审计就要锒铛入狱的业务合伙人。惧怕自己没有过上应有的生活，或是对他人的付出还不够，这些难以摆脱的不安全感，与修女们的豁达形成了鲜明对比。

“如果你目睹欺诈，却不说出来，你就是个骗子。”哲学家纳西姆·塔勒布如是说。比这更糟的是，你会心生自己就是个骗子的感觉，永远与自豪、快乐、自信绝缘。

我们是否会与自己的标准有差距？答案是会的。当这种情况发生时，我们不需要像克拉芒斯一样鞭笞自己的心灵，只需让它给我们方向和指导，就如对待一切伤痛一样。

匿名戒酒协会的十二步恢复疗法要求成员将服务他人作为恢复过程的一部分，原因就在这里。这并非因为行善能够抹去过往，

---

① **埃莉诺·罗斯福**（1884—1962）：美国第32任总统富兰克林·罗斯福的妻子，也是美国任职时间最长的第一夫人。——译者注

而是因为善事能够帮助我们从自己的头脑中解脱出来，并在这个过程中帮助我们为更美好的未来书写剧本。

如果想要做个好人，想要感觉良好，我们就必须做好事。除此之外，别无他法。

听到呼救，就纵身入水。看到需求，就伸出援手。在你力量所及的范围内，多做善事吧。

因为，如果不这样做，你就必须得另寻一种与自己共处的方式了。

有始有终

就如充实的一日，会带来一夜好眠，充实的一生，能让人含笑而终。

——莱昂纳多·达·芬奇

公元161年，安东尼·庇护皇帝[①]知道自己不久于世。他已74岁高龄，已感到生命力正从体内流逝。他高烧不退，胃痛难忍，他用最后一丝力气，把他的养子马可·奥勒留叫到屋里，将国政移交给他。事毕，安东尼转向在场的皇室成员们，说出他一生中的最后一个词——这个词不仅贯穿了他的养子的一生，也在整个历史长河中延续至今，那就是：aequanimitas（公平无私）。

上溯几百年，大约公元前400年，佛陀也以同样的平静接受了自己不久于世的事实。他去世时的年龄比安东尼大一些，却还没有选定继承者，因为，虽然他生为太子，但在踏上追求开悟之路时已舍弃了太子之位。尽管如此，他能看出众弟子的担心——他们不知离了他的指点和爱护该如何继续前行。

然后，就像安东尼一样，佛陀为他的最终教诲做好准备。这是他最后一次将智慧传授给他所爱的人，那些他知道将要面对生命

① **安东尼·庇护**（86—161）：罗马帝国“五贤帝”中的第四位，138年到161年在位，他统治时期是罗马帝国的全盛时期。——译者注

抛来的一切艰难困苦的人。“诸行皆是坏灭法，”他说道，“应自精进不放逸，勤求出道。”

话毕，佛陀沉沉睡去，再也没有醒来。

伊壁鸠鲁生活的时代大致在这两位巨人的陨落之间，这位哲学家独特的生活方式，几乎是东西流派之间一道完美的桥梁。公元前270年的一天，他的自我觉知也告诉他，在世上的时日不多了。“在这快乐的一天，也就是我人生最后的一日，”伊壁鸠鲁开始书写他的最后一封信，“我为你书写以下这些话语。”他的身体因膀胱和肠道的阻塞而备受摧残，虽然忍着剧痛，但他写信时却满心欢喜，并唤起与友人交谈时的美好回忆。接下来，他写到了这封信的主题——这是一套教诲，是他为一位想要确保能受到悉心照顾的前途大好的学生写的。

几个小时的时间，也没有什么兴师动众的仪式，伊壁鸠鲁便与佛陀和安东尼在死亡的永恒世界相会。

三种面对死亡的方式，每种各不相同，但殊途同归，一目了然。

明净。

镇定。

良善。

宁静。

这是对我们已讨论过的三个领域的一一解读：思想、精神、身体，也就是头脑、心灵和肉体。

这是板凳的三条腿，是一个完美圆圈上的三个点。我们所有人在世间的时间都是短暂的。无论我们是否能够觉知，也无论我们是否相信，死亡都笼罩着每一个人。

再过一天，我们或许就会发现自己身患癌症。再过两周，一根粗壮的树枝便可能砸下来，让我们一命呜呼。对每一个人而言，从我们出生的那一刻起，对于生命终点的预言，便是死亡。我们的心脏会在一段或长或短的时间内永不间断地跳动，但终有一天，它会停下来。

勿忘人总有一死。

在这个世界上，给人制造最多焦虑和痛苦的事或许莫过于此。人人都必有一死，这想法很可怕。而无法确定不知何时降临的死亡会带来什么，也让人心悸。天堂这种东西到底存在不存在？地狱呢？死亡是痛苦的，还是一片虚无，犹如"过往时光的幽暗深渊"[①]？

塞涅卡曾提醒自己，在出生之前，我们是安静而平和的，因此，死后我们会再次回到这种状态。他说，一道被熄灭的光芒什么也不会失去，只是回到原初的状态而已。

人们之所以试图建造纪念碑来纪念自己的伟大，之所以有如此多的焦虑和争端，之所以觊觎快感和金钱而不能趁着在世之时静下心来，原因就是对这一简单但却令人醍醐灌顶的事实的否定——对死亡的视而不见。而颇有讽刺意味的是，我们不是将在世的大把宝贵时间用来与死亡做徒劳的斗争，就是枉然地试图无视人

① 原句出自莎士比亚的《暴风雨》："穿越过往时光的幽暗深渊，你还能看到什么？"——译者注

必有一死的事实。

西塞罗曾说，学习哲学就是学习如何死亡。

本书的绝大部分内容都是关于如何好好生活的。但在介绍如何过好生活的同时，本书也在讲述如何死得其所。因为，生死其实是一物，死亡，便是我们在本书中所研究的三个领域的结合。

我们必须学会理性而清晰地思考自己的命运。

我们必须趁在世之时找到灵魂的意义和良善。

我们必须善待我们在这星球上所居住的皮囊——否则就不得不过早地将它抛弃。

在最终而永恒的宁静之中，死亡为一切画上句号，包括我们的思想、灵魂和身体。

因此，我们的这本书也在死亡这一话题处收笔。

后记

守静笃

时间已经到了傍晚，本书的内容也差不多完成，该从电脑前起身了。几年前我搬离繁忙的大都市，把家安在城外的一座小镇上，书桌上方挂着一幅奥利弗·萨克斯[①]的照片以及他的手迹“No！”（不！）。现在，写作工作已经完成，我要到我的农场忙活了——我有鸡要喂，有几头驴子等着我顺便带些胡萝卜去喂，还有几段铁丝网栅栏要检修。与那首关于驯牛的禅诗中的情节有异曲同工之妙的是，邻居的长角牛跑到了我的农场中，我得把它给找回来。

我的小儿子帮我将一些工具装进沙滩车的尾厢里——“拖拉机，‘凸啦叽’！”他这样叫它——然后，我给他一个拥抱，便沿着河堤开走，穿过中部的牧场，然后继续沿着溪水向前驶去。那里的铁丝网已经开始松动，有各种自然因素，也因那头倔强的公牛的造访，在接下来的一个小时中，我便不停地抓起铁丝网夹，固定在

① **奥利弗·萨克斯**（1933—2015）：英国神经病学专家、科学史学家、作家，在医学和文学领域均享有盛誉。代表作有《错把妻子当帽子》，其自传被改编成电影《无语问苍天》。——译者注

栅栏上。拿起一枚铁丝网夹，绕到木桩背后，用钳子夹住一端，钩住铁丝网拧紧，避免网夹松动。缠绕，夹紧，钩住，拧紧。缠绕，夹紧，钩住，拧紧。

什么也不想，只是去做。

得克萨斯是个容易让人大汗淋漓的地方，刚开始动手，我的皮手套就因汗浸而深了几个色度。但最终，铁栅栏还是被我拧紧了。我告诉自己，这能保持一段时间——但愿如此吧。接下来要做的，便是移动干草的位置，先将车倒到干草捆边，让机械臂落到上方，然后将沙滩车的引擎开大。干草被机械臂抓住，摇摇晃晃，被翻过来，又放下去，就这样，大约900千克的草料便被整整齐齐地放在了车上。等到我将车开到该放草料的地方时，奶牛已能听懂这种声音，跑过来一探究竟。我对准干草圈所在的位置，又将车往后倒了一点，然后看着干草从车后滚落。我用口袋里的刀将网兜割断，然后将沉重的干草圈套在上面，以避免浪费。奶牛开始进食，边吃边发出愉快的哞哞声，彼此推挤着，想在干草旁争取自己的一席之地。

奶牛忙着进食，是时候去找那头公牛了。我在工作时听到了它的动静，它应该在牧场前院后面的角落里。我果然在那儿发现了它，这是一头由肌肉和牛角组成的约一吨重的大家伙。我有点烦躁。这本不是我的错，但我的邻居似乎并不介意这种情况一再发生。我如禅诗中所说的那样凝视着它，同时也保持着距离。这不仅是因为我不想被顶伤，也是因为我此前曾因急于求成而激怒了它，结果它直接撞破带刺的铁丝围栏跑了出去——这是因操之过急而学到的代价惨痛的一课。

关键在于，得把它往你想让它走的方向引导，排除别的选择，让它朝那个方向移动。一定要让它认为这是它自己的主意，否则它会惊慌失措，勃然大怒，原本就难办的问题就更加棘手了。

因此我便静静站在那里，靠着一株雪松，抬头看着延伸至地平线的奥斯汀的第一茬庄稼，还有那洒在奥斯汀城上的得克萨斯的落日余晖。在这一刻，我是平静的。无论最近的生活有多么艰难，无论世界上正在发生着什么，都不再重要。我的呼吸渐渐放缓。社交媒体在这里寻不到踪迹，那接连不断发布新闻的仇恨制造工厂干扰不到我，我的客户和生意伙伴也找不到我——因为这树林里根本没有信号。我远离了一直埋头创作的书稿，远离了我的研究和笔记，远离了我舒适的办公室和热爱的手工艺。而在远离工作的此地，几个月前读到的肖恩·格林的故事以及他真正想要向我们传递的信息，从我的潜意识中悄然溜进大脑前端。现在，我明白了，我明白他在追寻什么了。

砍柴，担水。修栅栏，装干草，抓公牛。我的脑子空无一念。我的心灵充盈满溢。我的身体忙碌充实。

无视纷乱，使心自静。

瑞安·霍利迪于得克萨斯奥斯汀

致谢

想要进入宁静状态，最简单、最触手可及的切入点，便是感恩。为活着而感恩，为从天而降的好运而感恩，为生命中得到的所有帮助而感恩。每天早晨，我都会尽量腾出一些时间来回顾这些点滴，但通常只把这些感恩放在心里。利用这里的一点小小的空间，我希望能够对每个帮助我把这本书变为现实的人表达感激之情——首先要感谢的，就是我的妻子萨曼莎。感谢她的指导、支持以及与生俱来的宁静，让我从她身上不断获益。感谢我的儿子卡拉克，感谢他在我为这本书斟酌词句时一次次地陪我远足。感谢我的姐姐埃米，她在与癌症斗争时表现出的沉着与坚强让我深受感动和震撼。感谢我的经纪人和合作伙伴史蒂夫·汉塞尔曼，他不但帮助我将书中的理念用易理解的文字表达出来，对这本书的整体设计也功不可没。感谢尼尔斯·帕克斯，十多年来，他一直是我的创作构思的忠实聆听者。感谢布伦特·安德伍德在宣传营销和平台搭建上的助力。感谢赫里斯托·瓦西列夫在调研和核查方面不可或缺的帮助。感谢我的编辑尼基·帕帕多普洛斯和企鹅兰登书屋出版社团队的其他同人——感谢你们为我的每一部作品付出的心血，感谢将所有团队成员和资源聚合在一起的企鹅品牌。

我也应该感谢我的驴子、奶牛以及山羊们（感谢它们教会我安住当下，而不是焦虑蛮干），但在此就不一一点名了。另外，我也很感恩能有机会将书中的许多理念放在 Thought Catalog、Observer、Medium 以及 DailyStoic.com 等在线平台上进行研讨。

最后也是最郑重的感谢，要献给那些用理念铸就了这本书的思想家和哲学家。没有他们，这本书就无从谈起，但更重要的是，他们的洞见和著作也让我的生活得到了改善。另外，我也要感谢本书故事中的主角（以及反面人物），因为，他们那充满了人情味的成功与失败，为每一个追寻快乐、卓越以及宁静之心的人提供了灵感，也拉响了警报。虽然我本人的探索还远没有完成，但在他们的启发下，我在这条刚刚启程——但愿如此——的征途上，得以继续前行。